新一代信息软件技术丛书

中慧云启科技集团有限公司校企合作系列教材

中慧云启

吴婷婷 孟思明◎主 编

杜元胜 史继峰 易海博◎副主编

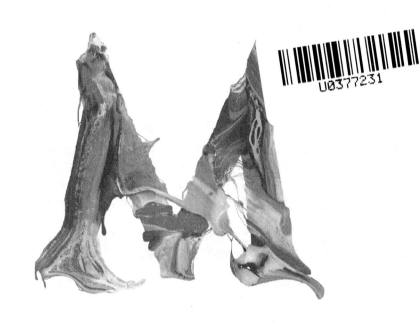

MySQL
数据库

MySQL Database

人民邮电出版社

北 京

图书在版编目（CIP）数据

MySQL数据库 / 吴婷婷，孟思明主编. -- 北京 ：人
民邮电出版社，2022.7
（新一代信息软件技术丛书）
ISBN 978-7-115-59132-6

Ⅰ．①M… Ⅱ．①吴… ②孟… Ⅲ．①SQL语言－数据
库管理系统 Ⅳ．①TP311.138

中国版本图书馆CIP数据核字(2022)第061015号

内 容 提 要

　　本书共分为 9 章，第 1～5 章围绕"学生成绩管理"数据库展开，主要介绍数据库基础，数据库与数据表操作，视图与索引，存储过程、流程控制语句、函数和触发器，MySQL 数据库高级操作，非常适合初学者学习。第 6 章介绍了 MySQL 与 Node.js、PHP、Python、Java 的交互。第 7 章、第 8 章主要讲述 MongoDB 数据库和 Redis 数据库，有数据库基础者可根据第 7 章、第 8 章内容进行学习拓展。第 9 章为一个项目案例，能够帮助读者进一步巩固所学知识。

　　本书适合从事 Web 前端开发、软件开发、全栈开发相关技术人员阅读，也适合全国开设计算机应用技术、计算机信息管理、软件与信息服务相关专业的高职院校的师生阅读。

　　◆ 主　　编　吴婷婷　孟思明
　　　　副 主 编　杜元胜　史继峰　易海博
　　　　责任编辑　王海月
　　　　责任印制　马振武
　　◆ 人民邮电出版社出版发行　　北京市丰台区成寿寺路 11 号
　　　　邮编　100164　电子邮件　315@ptpress.com.cn
　　　　网址　https://www.ptpress.com.cn
　　　　北京九州迅驰传媒文化有限公司印刷
　　◆ 开本：787×1092　1/16
　　　　印张：17　　　　　　　　2022 年 7 月第 1 版
　　　　字数：412 千字　　　　　2025 年 1 月北京第 5 次印刷
　　　　　　　　　　　　定价：69.80 元
读者服务热线：(010)53913866　印装质量热线：(010)81055316
　　　　　反盗版热线：(010)81055315
　　广告经营许可证：京东市监广登字 20170147 号

编辑委员会

前言 FOREWORD

本书围绕与读者密切相关的"学生成绩管理"项目，使用当前比较流行的 MySQL（关系数据库管理系统）来实施教学，面向实际应用，强化技能训练，使读者在解决问题的过程中掌握数据库的相关操作。同时，在课后习题中，读者可以通过"员工管理"数据库进行巩固与练习，以夯实知识点，提升技能。

本书具有以下突出特色。

1. 内容全面

本书共分为 9 章，前 5 章围绕"学生成绩管理"数据库展开，第 6 章对 MySQL 与 Node.js、PHP、Python、Java 的交互进行了全面介绍，第 7 章和第 8 章对当前应用较广的非关系数据库 MongoDB 与 Redis 进行了讲解，第 9 章是一个项目案例。读者可通过本书学习全面的数据库知识。

2. 资源丰富

本书配备了丰富的教学资源，包括教学 PPT、源代码、习题答案，读者可通过访问链接 https://exl.ptpress.cn:8442/ex/l/e58203b8 或扫描下方二维码免费获取相关资源。

3. 理论联系实际，语言通俗易懂

本书语言通俗易懂，便于读者理解，所使用的案例都是现实生活中的一些普遍应用，案例还包含了代码说明和运行结果展示，部分案例有重点提示，便于读者高效学习。

4. 校企合作"双元"模式开发

本书由具有丰富的开发经验的企业一线专家与具有丰富的教学经验的高校教师一起编写，内容新颖实用。

通过学习本书，读者能够更好地完成各种计算机应用设计和开发任务，从而为职业能力发展奠定良好的基础。

由于编者水平有限，书中难免存在不足之处，望广大读者批评指正。

编者

目录 CONTENTS

第1章

第2章

第3章

视图与索引 70

第4章

存储过程、流程控制语句、函数和触发器 82

第 5 章

MySQL 数据库高级操作 106

第 6 章

MySQL 交互 120

第 7 章

MongoDB 数据库 153

第 8 章

第1章

数据库基础

01

▶ 内容导学

本章主要学习数据库的基础知识，包括数据库的发展历程、数据库基础、数据库实施步骤、MySQL 服务器的安装和启动，以及 MySQL 图形化管理工具的安装与配置。

▶ 学习目标

① 了解数据库的发展历程。

② 了解数据库的基础知识。

③ 掌握数据库的实施步骤。

④ 掌握 MySQL 与 Navicat 的安装与配置。

1.1 数据库发展历程

1.1.1 数据库的发展

数据库技术产生于 20 世纪 60 年代，是计算机科学中的一个重要分支。伴随着计算机应用的普及与不断发展，数据处理越来越受到重视，数据库技术的应用也越来越广泛。

数据库的发展不是一蹴而就的，它经历了人工管理、文件系统和数据库系统 3 个阶段。

1. 人工管理阶段

人工管理阶段处于 20 世纪 50 年代中期以前，那时计算机应用处于早期，其主要应用于科学计算。在计算机硬件方面，只有磁带、卡片式存储器等外部存储器，还没有直接存取的存储设备；在软件方面，只有汇编语言，没有数据管理方面的软件，数据的处理方式是批处理。这个时期数据管理的特点如下。

（1）没有对数据进行管理的软件系统。

（2）没有文件的概念。

（3）一组数据对应一个程序，数据是面向应用的。

2. 文件系统阶段

文件系统阶段处于 20 世纪 50 年代后期到 60 年代中期。在这一阶段，计算机不仅用于科学计算，还大量应用于数据处理。在硬件方面，磁盘、磁鼓等直接存取的存储设备出现；在软件方面，操作系统中已经有了专门用于管理数据的软件。这个时期数据管理的特点如下。

（1）数据需要长期保存在外存储器上，以反复使用。

（2）程序之间有一定的独立性。

（3）文件的形式多样化。

（4）数据的存取基本上以记录为单位。

3. 数据库系统阶段

数据库系统阶段的时间起点为 20 世纪 60 年代后期，数据库中的数据不再是面向某个应用或某个程序，而是面向整个企业（组织）或整个应用领域。这个时期数据管理的特点如下。

（1）采用复杂的结构化数据模型。

（2）数据独立性较高。

（3）冗余度最低。

（4）具有数据控制功能。

1.1.2　常见的关系数据库

数据库共有两种类型：关系数据库和非关系数据库。

关系数据库中存放的基本数据是一些二维表格，由行和列组成。在数据库中，行通常叫作记录或元组，列通常叫作字段或属性。

常见的关系数据库有 Oracle、SQL Server 和 MySQL 等，据最新数据统计，全球数据库应用排行榜中，MySQL 位居第二。

常见的非关系数据库有 MongoDB、Redis、IBM Cloudant 和 HBase 等。在后面的章节中将分别介绍 MongoDB 和 Redis。

下面具体介绍 Oracle、SQL Server、MySQL。

1. Oracle

Oracle 是甲骨文公司的一个关系数据库管理系统，在数据库领域一直是处于领先地位。可以说 Oracle 数据库系统是目前世界上最流行的关系数据库管理系统之一，系统可移植性好、使用方便、功能强大，适用于各类大、中微机环境。它是一种高效率的、可靠性高的、适应高吞吐量的数据库方案。

2. SQL Server

SQL Server 是美国 Microsoft 公司推出的一个关系数据库系统。SQL Server 是一个可扩展的、高性能的、为分布式客户机/服务器计算所设计的数据库管理系统，实现了与 Windows NT 的有机结合，提供了基于事务的企业级信息管理系统方案。

3. MySQL

MySQL 是一个关系数据库管理系统，由瑞典 MySQL AB 公司开发，目前属于 Oracle 公司。数据库将数据保存在不同的表中，而不是将所有数据放在一个大仓库内，这就加快了执行速度并提高了灵活性。它具有如下优点。

（1）体积小、速度快。

（2）源代码开放。

（3）可定制，用户可以通过修改源码来开发自己的 MySQL 系统。

（4）跨平台，可以运行于多个系统上，并且支持多种语言。

（5）支持大型数据库。

（6）使用标准的 SQL（结构化查询语言）。

1.2 数据库基础

1.2.1 数据库概念

数据库（Database，DB）是按照数据结构来组织、存储和管理数据的仓库。这里的数据不只是狭义的数值，还包括文字、声音、图像等能被计算机接收、识别并处理的内容。数据库相当于一个容器，里面可存放一些数据对象，如数据表、视图、存储过程和触发器等，如图 1-1所示。

图 1-1 数据库示意

1.2.2 数据库管理系统

数据库管理系统（Database Management System，DBMS）是一种操作和管理数据库的大型软件，用于建立、使用和维护数据库。它对数据库进行统一的管理和控制，以保证数据库的安全性和完整性。用户通过 DBMS 访问数据库中的数据，数据库管理员也通过 DBMS 维护数据库。DBMS 可以支持多个应用程序和用户用不同的方法在同一时刻或不同时刻建立、修改和询问数据库。大部分 DBMS 提供数据定义语言（Data Definition Language，DDL）和数据操作语言（Data Manipulation Language，DML），供用户定义数据库的模式结构与权限约束，实现对数据的追加、删除等操作。

1.2.3 数据库系统

数据库系统（Database System，DBS）是由数据库及其管理软件组成的系统。它是为适应数据处理而发展起来的一种较为理想的数据处理系统，也是一个为实际可运行的存储、维护和应用系统提供数据的软件系统，是存储介质、处理对象和管理系统的集合体。

1.2.4 函数依赖

数据库中的主要元素是数据表。对于表中的各个字段属性，如果某个属性集决定另一个属性集，称另一属性集依赖于该属性集。例如，在设计学生信息表时，一个学生的学号能决定学生的姓名，可称姓名依赖于学号。如果我们知道一个学生的学号，就能知道学生的姓名，即姓名依赖于学号，这就是函数依赖。

1.3 数据库实施步骤

数据库要实现的是：将现实世界存在的实体模型通过建模转化为信息世界的概念模型，然后再将概念模型转化为数据模型，数据模型进一步规范化后就可实施数据的创建。

现实世界中各种各样的事物都有自己的一些性质，同时又可根据某些相似性质将它们归纳为事物类；在信息世界中，事物类就是实体集，各个事物就是各个实体，事物的性质就是属性；在数据库世界中，数据表就是实体，表中的行是记录，列是数据项。数据库实施步骤如图1-2所示。

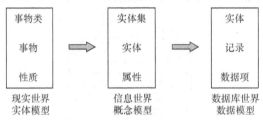

图1-2 数据库实施步骤

1.3.1 概念模型（E-R图）

当我们接到一个数据库建设项目时，要进行的一个步骤就是需求分析，在需求分析阶段，我们通过4步来完成E-R图。

1. 收集信息

与需求方人员进行交流、座谈，充分理解数据库需要实现的功能。

2. 找出实体

找出数据库中要管理的关键对象或实体。在E-R图中，用矩形来表示实体。

3. 标识实体的属性

标识出实体具有哪些特性。在E-R图中，用椭圆或圆角矩形来表示属性（椭圆较为常用）。

4. 分析出实体之间的联系

分析出实体与实体之间的相互关系，也就是联系。在E-R图中，用菱形来表示联系。
实体、属性、联系的描述方法如图1-3所示。

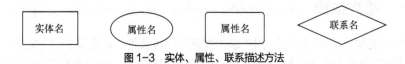

图1-3 实体、属性、联系描述方法

下面，我们通过构建一个学校的学生成绩管理数据库来进一步理解概念模型。

第一步：与学校的项目组成员洽谈，获取这个数据库要实现的功能。我们了解到此数据库要记录每个同学选了哪些课、课程成绩及获得的学分。

第二步：找出这个项目中的实体集，比如学生和课程，如图 1-4 和图 1-5 所示。

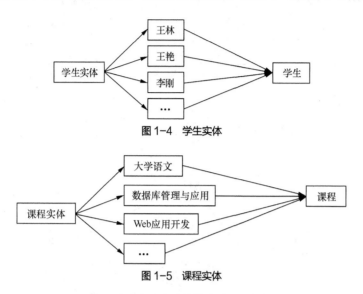

图 1-4　学生实体

图 1-5　课程实体

第三步：根据需求标识出学生的属性和课程的属性，学生的属性有学号、姓名、性别、出生日期、民族、政治面貌、专业名称、家庭住址、联系方式、总学分、照片、备注；课程的属性有课程号、课程名、开课学期、学时、学分，如图 1-6 和图 1-7 所示。

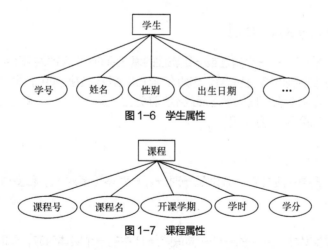

图 1-6　学生属性

图 1-7　课程属性

第四步：学生一旦选择了某门课程，参加考试后就会产生成绩与学分，所以学生和课程这两个实体之间有选课的联系，如图 1-8 所示。

图 1-8　学生与课程的联系

综上分析，可以得出学生成绩管理数据库的 E-R 图，如图 1-9 所示。

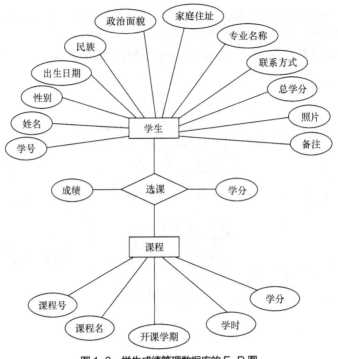

图 1-9 学生成绩管理数据库的 E-R 图

1.3.2 数据模型

1. 主键（Primary Key，PK）

在实体的所有属性中，有一个属性或一组属性的值在所有实体对象中不会出现重复值，不能为空，那么这个属性或这组属性就是主键。比如在学生成绩管理数据库中，学生实体中每个学生的"学号"是唯一的，不可能有相同的学号而且不允许为空，那么"学号"就是主键；同理，在课程实体中每门课程的"课程号"是主键。

2. 实体关系

实体与实体有 3 种对应关系，分别是一对一、一对多（多对一）和多对多。下面进行详细介绍。

（1）一对一（1∶1）

有 A 和 B 两个实体集，A 中的一个实体只能与 B 中的一个实体对应，同时，B 中的一个实体只能与 A 中的一个实体对应，这时 A 与 B 就是一对一的关系，如图 1-10 所示。例如，如果一个学校里只有一个校长，而这个校长只能担任一个学校的校长，那么学校与校长这两个实体就是一对一的关系。

（2）一对多/多对一（1∶n/n∶1）

有 A 和 B 两个实体集，A 中的一个实体可以与 B 中的多个实体对应。但是，B 中的一个实体只能与 A 中的一个实体对应，

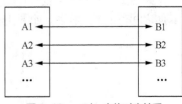

图 1-10 一对一实体对应关系

这时 A 与 B 就是一对多的关系，B 与 A 就是多对一的关系，如图 1-11 所示。例如，一个学校里可以有多名教师，但是学校中的任意一名教师只属于这个学校，这时学校和教师两个实体就是一对多的关系；反之，教师和学校就是多对一联系。

（3）多对多（$m:n$）

有 A 和 B 两个实体集，A 中的一个实体可以与 B 中的多个实体对应，同时，B 中的一个实体也可以与 A 中的多个实体对应，如图 1-12 所示。例如，在学生成绩管理数据库中，一个学生可以选修多门课程，同时一门课程可以被多个学生选修，这时学生和课程就是多对多的关系。

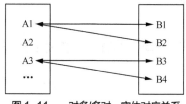 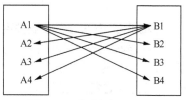

图 1-11　一对多/多对一实体对应关系　　　　图 1-12　多对多实体对应关系

3. 转化为数据模型

前面介绍了主键与实体的对应关系，下面讲述如何将 E-R 图转化为数据模型。

（1）一对一联系的 E-R 图转换到关系模型

前面例子中的学校和校长之间就是一对一的关系，假设它们的关系模式如下。

A：学校（学校编码，学校名称）

B：校长（工号，姓名，性别，专业）

转换为数据模型有两种方法。

方法 1：将 A、B 两个实体的主键都放到它们的联系中，联系重新生成一个新表。在新表中，原表的主键一起作为新表的主键。

学校（学校编码 PK，学校名称）

校长（工号 PK，姓名，性别，专业）

属于（学校编码 PK，工号 PK）或（工号 PK，学校编码 PK）

这样 3 个表可联系到一起，一对一数据模型联系如图 1-13 所示。

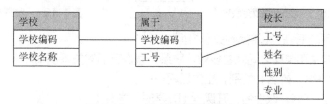

图 1-13　一对一数据模型联系（1）

方法 2：将 A 的主键给 B，或是将 B 的主键给 A。

学校（学校编码 PK，学校名称，工号 PK）

校长（工号 PK，姓名，性别，专业）

或

学校（学校编码 PK，学校名称）

校长（工号 PK，姓名，性别，专业，学校编码 PK）

一对一数据模型联系如图 1-14 所示。

图 1-14　一对一数据模型联系（2）

（2）一对多联系的 E-R 图转换到关系模型

前面例子中的学校和教师之间的关系就是一对多联系，假设它们的关系模式如下。

A：学校（学校编码，学校名称）

B：教师（工号，姓名，性别，专业）

转换为数据模型有两种方法。

方法 1：将 A、B 两个实体的主键都放到它们的联系中，联系重新生成一个新表。在新表中，原表的主键一起作为新表的主键。

学校（学校编码 PK，学校名称）

教师（工号 PK，姓名，性别，专业）

属于（学校编码 PK，工号 PK）

方法 2：将一对多的"一"方的主键给多方。

学校（学校编码 PK，学校名称）

教师（工号 PK，姓名，性别，专业，学校编码）

一对多数据模型联系如图 1-15 和图 1-16 所示。

图 1-15　一对多数据模型联系（1）

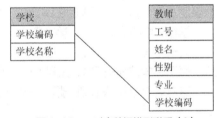

图 1-16　一对多数据模型联系（2）

（3）多对多联系的 E-R 图转换到关系模型

前面例子中的学生和课程之间就是多对多联系，假设它们的关系模式如下。

A：学生（学号 PK，姓名，性别，出生日期……）

B：课程（课程号 PK，课程名，开课学期，学时，学分）

转换为数据模型只有一种方法：将 A、B 两个实体的主键都放到它们的联系中，联系重新生成一个新表。在新表中，原表的主键一起作为新表的主键。

学生（学号 PK，姓名，性别，出生日期……）

课程（课程号 PK，课程名，开课学期，学时，学分）

选课（学号 PK，课程号 PK，成绩，学分）

多对多数据模型联系如图 1-17 所示。

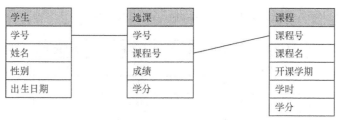

图 1-17　多对多数据模型联系

1.3.3　规范化

要想设计一个科学的数据库，库中的表必须满足一定的约束条件，使这些约束条件形成规范，就是范式。

范式来自英文 Normal Form，简称 NF。目前关系数据库有 5 种范式：第一范式（1NF）、第二范式（2NF）、第三范式（3NF）、第四范式（4NF）和第五范式（5NF，又称完美范式）。一般来说，数据库设计只需满足前 3 个范式。

注意　在应用范式时应遵循一定的顺序，先判断是否满足最低要求的 1NF，满足 1NF 之后，进一步满足 2NF，满足 2NF 之后再验证 3NF。

1. 第一范式（1NF）

第一范式的约束条件为，数据表中的每一个数据项都不能被拆分成两个或多个数据项，即每个数据项都是单一属性的，具有不可拆分性（原子性），示例如图 1-18 所示。

职工号	姓名	学历学位
0001	张三	本科学士
0002	李四	研究生硕士
0003	王五	研究生博士
...	...	...

职工号	姓名	学历	学位
0001	张三	本科	学士
0002	李四	研究生	硕士
0003	王五	研究生	博士
...	...	...	...

图 1-18　第一范式示例

因为学历与学位是两个不同的属性，合并为一个数据项不符合 1NF 的约束条件，根据 1NF 的约束条件，学历和学位列只能拆分为学历列和学位列。

2. 第二范式（2NF）

第二范式的约束条件为，数据表中的每一个数据项都必须依赖主键，此范式充分体现了主键的核心地位，不依赖主键的列将被移出此表，示例如图 1-19 所示。

订单编号	订单日期	产品编号	单价（元）
0001	2021-1-1	A001	5000
0002	2021-1-2	B001	100
0003	2021-1-3	C001	200
...	...	...	...

订单编号	订单日期
0001	2021-1-1
0002	2021-1-2
0003	2021-1-3
...	...

产品编号	单价（元）
A001	5000
B001	100
C001	200
...	...

图 1-19 第二范式示例

订单日期依赖主键订单编号，也就是说当订单编号变化时，订单日期也随其变化，而产品编号与单价都不跟随订单日期发生改变，即都不依赖订单编号，所以产品编号与单价被移出该表，它们抱团生成新表或加入其他基本表中，从第一范式开始验证。

3. 第三范式（3NF）

第三范式的约束条件为，除主键外，任意两列不能有依赖关系，此范式也间接体现了主键的核心地位，有依赖关系的其中一列将被移出该表，示例如图 1-20 所示。

产品编号	产品名称	买入价格（元）	销售价格（元）
A001	笔记本电脑	5000	6000
B001	无线鼠标	100	120
C001	键盘	200	240
...	...	...	...

产品编号	产品名称	买入价格（元）
A001	笔记本电脑	5000
B001	无线鼠标	100
C001	键盘	200
...	...	...

图 1-20 第三范式示例

在本例中，我们设定了销售价格是买入价格的 1.2 倍，当买入价格发生变化时，销售价格将产生相应的变化，此时就不符合第三范式，那么只能把销售价格或买入价格移出该表。

1.4 MySQL 服务器的安装和启动

如果要想实现数据库的创建与管理，就要安装 MySQL 服务器并对其进行相关配置。

MySQL 是开源软件，可登录其官方网站下载。下面以 MySQL 8.0 社区版为例，来演示安装的过程。

1.4.1　软件下载

（1）登录 MySQL 官方网站，选择菜单栏中的"DOWNLOADS"，如图 1-21 所示。

图 1-21　下载显示（1）

（2）单击页面最下方的"MySQL Community (GPL) Downloads>>"链接，如图 1-22 所示。

（3）单击页面左下方的"MySQL Installer for Windows"，如图 1-23 所示。

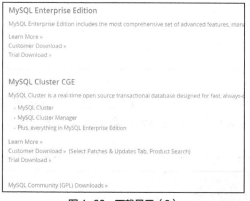

图 1-22　下载显示（2）

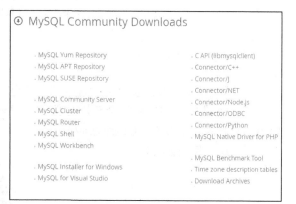

图 1-23　下载显示（3）

（4）在打开的页面中有两个"Download"按钮，第一个表示在线安装，第二个表示离线安装，也就是先下载后安装，单击第二个按钮，如图 1-24 所示。

（5）打开图 1-25 所示窗口，这时跳过"Login"（登录）按钮和"Sign Up"（注册）按钮，单击下方的"No thanks, just start my download"。

图 1-24　下载显示（4）

图 1-25　下载显示（5）

（6）这时会出现"新建下载任务"窗口，设定好下载的位置，单击"下载"按钮，如图 1-26 所示。

图 1-26　下载显示（6）

（7）下载完成后，在设定存储的位置时会出现图 1-27 所示的图标，这就说明已完成下载。

图 1-27　下载显示（7）

1.4.2　软件安装

（1）双击安装包会出现图 1-28 所示的安装进程。

（2）在图 1-29 中有 5 个安装类型，分别表示开发者（Developer Default）、仅服务器（Server only）、仅客户（Client only）、全部（Full）和定制（Custom），我们选择第 2 个选项，单击"Next"按钮进入下一步。

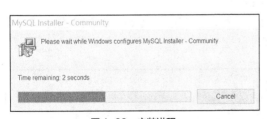

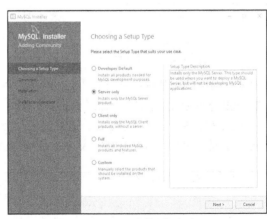

图 1-28　安装进程　　　　　　　　　图 1-29　安装设置（1）

（3）进入图 1-30 所示的窗口中，选中 MySQL Server 8.0.26，出现图 1-31 所示窗口，此时系统提示我们计算机中缺少依赖软件，这时可通过单击"Execute"按钮进行安装，如图 1-32 所示，状态进度条显示为 100% 之后会弹出图 1-33 所示窗口，勾选"我同意许可条款和条件"，单击"安装"按钮。

（4）安装完成后，单击"关闭"按钮完成插件的安装，如图 1-34 所示。

（5）这时在 MySQL Server 8.0.26 前方出现了"√"符号，如图 1-35 所示，单击"Next"按钮进入下一步。

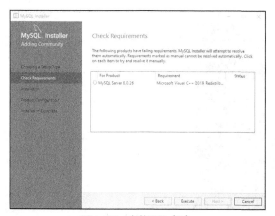

图 1-30 安装设置（2）

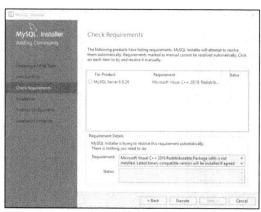

图 1-31 安装设置（3）

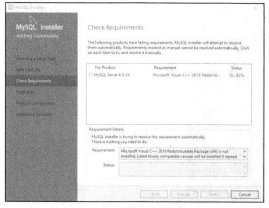

图 1-32 安装设置（4）

图 1-33 安装设置（5）

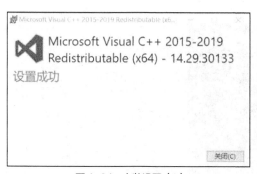

图 1-34 安装设置（6）

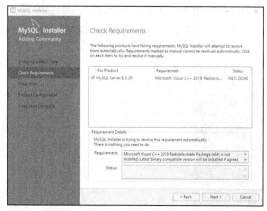

图 1-35 安装设置（7）

（6）单击图 1-36 所示"Execute"按钮进行安装，安装完成将出现图 1-37 所示窗口，单击"Next"按钮进入下一步。

（7）保持默认，单击图 1-38 所示的"Next"按钮进入下一步。

（8）在图 1-39 中，有两个选项，一个表示使用强密码加密方法进行身份验证，另一个表示使用遗留身份验证方法，选择第二个选项，单击"Next"按钮，进入下一步。

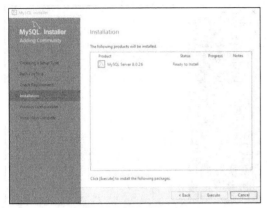

图 1-36　安装设置（8）

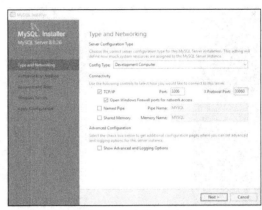

图 1-37　安装设置（9）

图 1-38　安装设置（10）

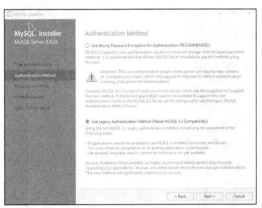

图 1-39　安装设置（11）

（9）在图 1-40 所示界面中进行密码设置，单击"Next"按钮，进入下一步。

（10）在图 1-41 所示界面中单击"Next"按钮，进入下一步。

图 1-40　安装设置（12）

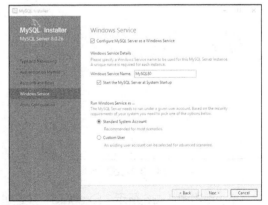

图 1-41　安装设置（13）

（11）在图 1-42 所示界面中单击"Execute"按钮，完成安装。

（12）在图 1-43 所示界面中单击"Finish"按钮，进入下一步。

（13）在图 1-44 所示界面中单击"Next"按钮，进入下一步。

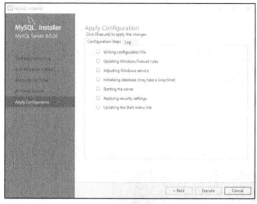
图 1-42　安装设置（14）

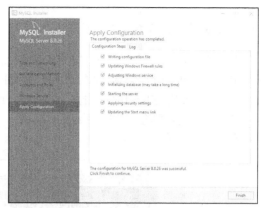
图 1-43　安装设置（15）

（14）在图 1-45 所示界面中单击"Finish"按钮，完成安装。

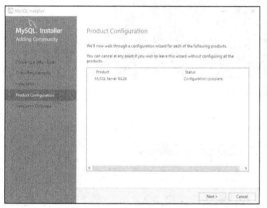
图 1-44　安装设置（16）

图 1-45　安装设置（17）

1.4.3　软件启动

在启动软件之前先要启动 MySQL 服务，只需打开计算机管理中的服务，找到 MySQL，单击鼠标右键，在弹出的菜单中选择"启动"或"停止"即可。

1. 直接打开软件

从"开始"菜单中找到应用程序并打开，输入密码即可使用，如图 1-46 所示。

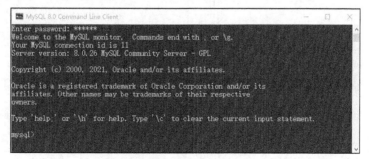
图 1-46　登录界面（1）

2. 通过命令提示符窗口打开

第一步：通过 CMD 中的 cd 命令改变路径，把 MySQL 的安装路径放到 cd 命令之后实现转换，具体为 C:\Program Files\MySQL\MySQL Server 8.0\bin。

第二步：路径切换成功后，输入 mysql -u root –p。

第三步：输入密码，实现登录。

具体操作如图 1-47 所示。

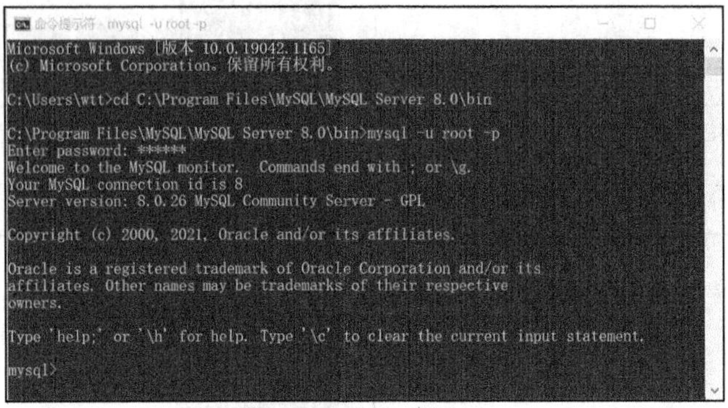

图 1-47　登录界面（2）

> **注意**
>
> 第一步安装路径一定要定位到 bin，第三步中的密码一定要准确输入。

如果以后通过命令提示符登录 MySQL 时，不想使用切换路径进入，可以将 MySQL 的安装路径添加到计算机环境变量路径中，具体步骤如下。

第一步：单击图 1-48 所示窗口中的"环境变量"按钮。

第二步：选中图 1-49 所示窗口中的用户变量 Path，单击"编辑"按钮。

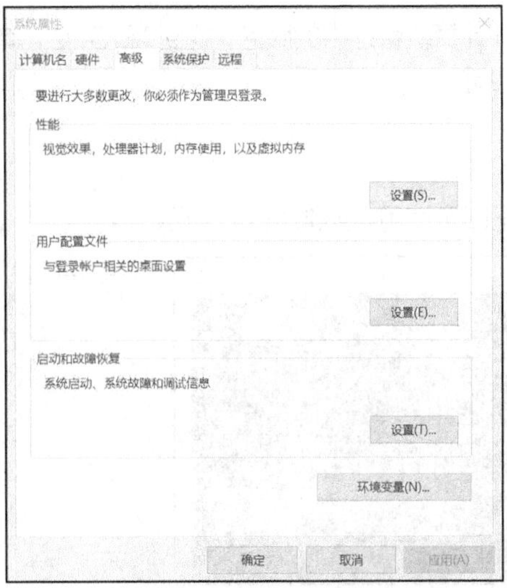

图 1-48　设置界面（1）　　　　　　　　　　图 1-49　设置界面（2）

第三步：选中图 1-50 所示对话框中的"编辑文本"按钮，在图 1-51 所示的窗口中将 MySQL 的安装路径"C:\Program Files\MySQL\MySQL Server 8.0\bin"添加到变量值后方，单击"确定"按钮实现设置。

图 1-50　设置界面（3）

图 1-51　设置界面（4）

这时，只需输入 mysql –u root –p，再输入密码，就可实现登录，如图 1-52 所示。

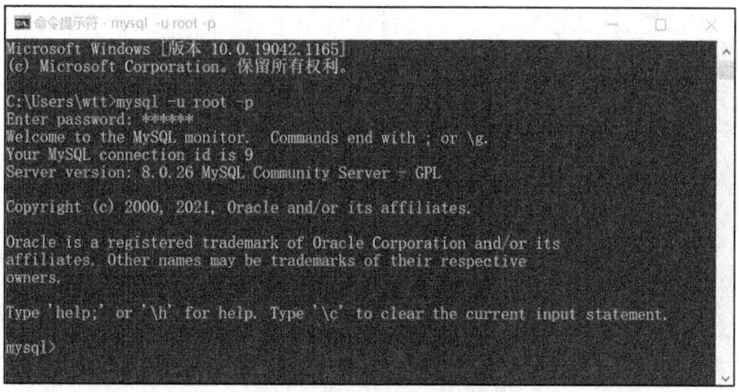

图 1-52　命令提示符登录界面

1.5　MySQL 图形化管理工具的安装与配置

MySQL 图形化管理工具较多，Navicat for MySQL 是管理和开发 MySQL 或 MariaDB 的理想解决方案。它是一套单一的应用程序，能同时连接 MySQL 和 MariaDB 数据库管理系统，并与 Amazon RDS、Oracle Cloud、Microsoft Azure、阿里云、腾讯云和华为云等云数据库兼容。这套全面的前端工具为数据库管理、开发和维护提供了直观而强大的图形界面。下面介绍常用的 Navicat for MySQL 的安装与配置。

1.5.1　Navicat for MySQL 安装

Navicat for MySQL 可从官方网站或是其他权威网站下载，这里不再赘述。

（1）双击安装包将会出现图 1-53 所示窗口，单击"下一步"按钮。

（2）单击图 1-54 所示窗口中的"我同意"按钮后单击"下一步"按钮。

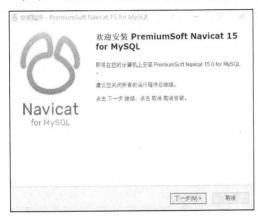

图 1-53　安装界面（1）　　　　　　　　图 1-54　安装界面（2）

（3）通过图 1-55 所示窗口中的"浏览"按钮设置安装路径，单击"下一步"按钮。

（4）选择目录后，单击图 1-56 所示窗口中"下一步"按钮。

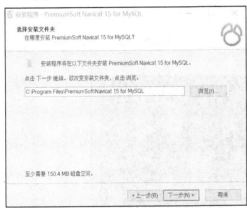

图 1-55　安装界面（3）　　　　　　　　图 1-56　安装界面（4）

（5）选择额外任务后，单击图 1-57 所示窗口中的"下一步"按钮。

（6）单击图 1-58 所示窗口中的"安装"按钮。

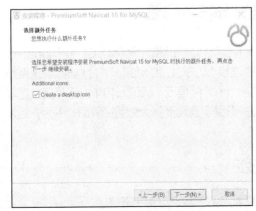

图 1-57　安装界面（5）　　　　　　　　图 1-58　安装界面（6）

（7）单击图 1-59 所示窗口中的"完成"按钮实现安装。

图 1-59　安装界面（7）

1.5.2　Navicat for MySQL 配置

（1）打开软件，单击图 1-60 所示窗口中的"连接"选项，选择"MySQL"。

图 1-60　配置界面（1）

（2）在图 1-61 所示窗口中进行相关设置后，单击"测试连接"按钮。

（3）在出现图 1-62 所示的"连接成功"提示后，单击"确定"按钮。

图 1-61　配置界面（2）

图 1-62　配置界面（3）

注意 本窗口中的密码是 MySQL 的密码。

（4）在如图 1-63 所示的"MySQL80"选项上单击鼠标右键，在弹出的菜单中选择"打开连接"。

图 1-63　配置界面（4）

（5）进行上述操作后出现图 1-64 所示的连接成功界面，此时，Navicat for MySQL 与 MySQL 连接成功。

图 1-64　配置界面（5）

1.6　本章小结

通过本章的学习，读者对数据库的基础知识及数据库的实施步骤有了一定了解，同时也下载并安装了 MySQL 与 Navicat for MySQL，这将为后面的学习打下扎实的基础。

1.7　本章习题

一、简答题

1. 简要介绍数据库的发展历程。
2. 简要介绍常见的关系数据库和它们的特点。

3. 简要介绍 DB、DBS、DBMS。

4. 简要介绍数据库的实施步骤。

5. 实体与实体之间有几种关系？举例说明。

6. 简要说明第一范式、第二范式和第三范式。

7. E-R 图中实体、属性和联系分别用什么符号来表示？

二、操作题

1. 完成 MySQL 的下载、安装，并使用两种方法进行打开。

2. 完成 Navicat for MySQL 的下载、安装与配置。

3. 根据如下给定的"YGGL"的数据库信息，画出 E-R 图，分析实体之间的对应关系，转换成数据模型，并进行 3 个范式的验证。

员工基本信息表（员工编号，姓名，性别，出生日期，学历，工作年限，家庭住址，联系方式）

部门信息表（部门编号，部门名称）

员工薪水表（员工编号，收入，扣除）

第2章
数据库与数据表操作

02

▶ **内容导学**

　　本章主要学习数据库的创建与管理方法，数据类型、约束、数据表的创建，MySQL 中数据表内容的增、删、改、查操作，以及 Navicat for MySQL 的使用方法。

▶ **学习目标**

① 掌握数据库的创建、查看、删除、切换和修改方法。
② 掌握数据表的创建、查看、修改和删除方法。
③ 掌握数据表内容的增、删、改、查方法。
④ 了解数据类型的分类和应用方法。
⑤ 掌握约束的分类和使用方法。
⑥ 掌握 Navicat for MySQL 的使用方法。

2.1　数据库操作

　　MySQL 在安装完成后，系统会自动创建 information_schema、mysql、performance_schema 和 sys 4 个数据库，用户可通过创建新数据库来存放数据。

2.1.1　创建数据库

　　创建数据库的语法格式如下。

```
CREATE {DATABASE|SCHEMA} [IF NOT EXISTS] 数据库名
[DEFAULT] CHARACTER SET 字符集名
[DEFAULT] COLLATE    校对规则名]
```

说明
- { | }为二选一，[ ]为可选项。
- 字母大小写均可，所有标点符号都须以英文输入法输入。
- CREATE：创建，不但可用来创建库，而且可用来创建表、视图、索引等。
- DATABASE|SCHEMA：数据库|提要纲要，创建数据库时选择其中一个即可，DATABASE 较为常用。
- IF NOT EXISTS：判断数据库是否存在。
- 数据库名：可以由字母、阿拉伯数字、汉字等组成，要简洁明确。
- DEFAULT：默认，预定值。
- CHARACTER SET 字符集名：设定要选择的字符集名。
- COLLATE 校对规则名：设定所选字符集对应的校对规则。

【例 2-1】请创建数据库 XSCJ。

```
CREATE  DATABASE  XSCJ;
```

执行结果如图 2-1 所示。

图 2-1　数据库 XSCJ 创建成功界面

如果继续创建该数据库，则会出现错误，如图 2-2 所示。

图 2-2　数据库 XSCJ 重复创建错误提示界面

为了避免这种错误出现，可使用以下语句进行判断创建。

```
CREATE  DATABASE  IF  NOT  EXISTS  XSCJ;
```

执行结果如图 2-3 所示。

图 2-3　数据库 XSCJ 重复创建错误消除界面

【例 2-2】请创建数据库 FRUITSTORE，设定默认字符集为 gb2312，校对规则为 gb2312_chinese_ci。

```
CREATE  DATABASE  FRUITSTORE
DEFAULT  CHARACTER  SET  gb2312
COLLATE  gb2312_chinese_ci;
```

执行结果如图 2-4 所示。

图 2-4　数据库 FRUITSTORE 创建成功界面

2.1.2　查看数据库

数据库创建完成后，如果想知道是否创建成功，可以对它进行查看，语法格式如下。

```
SHOW  DATABASES
```

【例 2-3】请查看当前有哪些数据库。

```
SHOW  DATABASES;
```

执行结果如图 2-5 所示。

图 2-5　当前数据库界面

2.1.3　切换数据库

数据库创建后，它的状态为"关闭"，要想使用数据库，需要对数据库进行切换，即打开。

【例 2-4】请打开数据库 XSCJ。

USE　XSCJ;

执行结果如图 2-6 所示。

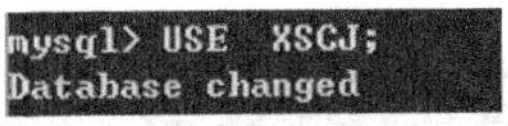

mysql> USE XSCJ;
Database changed

图 2-6　数据库成功打开界面

2.1.4　修改数据库

数据库创建后，可以根据需要进行修改，修改数据库的语法格式如下。

ALTER　{DATABASE|SCHEMA}　数据库名
[DEFAULT]　CHARACTER　SET 字符集名
[DEFAULT]　COLLATE　校对规则名]

【例 2-5】请修改数据库 XSCJ，将它的默认字符集设置为 gb2312，校对规则为 gb2312_chinese_ci。

ALTER　DATABASE　XSCJ
DEFAULT　CHARACTER　SET　gb2312
COLLATE　gb2312_chinese_ci;

执行结果如图 2-7 所示。

mysql> ALTER DATABASE XSCJ
    -> DEFAULT CHARACTER SET gb2312
    -> COLLATE gb2312_chinese_ci;
Query OK, 1 row affected <0.00 sec>

图 2-7　修改数据库 XSCJ 成功界面

2.1.5　删除数据库

删除数据库的语法格式如下。

```
DROP    DATABASE    数据库名
```

【例 2-6】请删除数据库 FRUITSTORE。

```
DROP  DATABASE  FRUITSTORE;
```

执行结果如图 2-8 所示。

```
mysql> DROP  DATABASE  FRUITSTORE;
Query OK, 0 rows affected (0.00 sec)
```

图 2-8 数据库删除成功界面

2.2 数据表操作

数据库创建成功后，我们就可以在数据库中创建数据表了。数据表是由行和列组成的二维表格，一行称为一条记录，列名称为字段名。

 注意 对于数据表名、列名，最好使用字母组合或英文单词命名，因为在项目开发中，使用中文容易出现乱码。但在本书中，为了便于理解，都采用了中文命名。

在创建表之前，需要先给数据表搭建结构，也就是初步确定各个字段类型、取值范围和"是否允许为空"等信息。

假设有一个商品表，如表 2-1 所示。

表 2-1　　　　　　　　　　　　　　　　　　商品表

商品编号	商品名称	生产日期	单价（元）	数量（个）
A001	鼠标	2021-02-02	89.90	500
A002	键盘	2021-02-12	135.60	300
B001	U 盘	2021-02-15	69.80	1000
…	…	…	…	…

我们通过观察表 2-1 不难得知，商品编号的长度是 4 个字符；商品名称的长度是 4 个字符；生产日期是年、月、日的组合；单价是具有两位小数的数值；数量是整数值。联系实际，商品名称长度需要适当加大，单价的整数部分长度和数量的长度也需加大。因此，可以大致得出"商品表"的表结构，如表 2-2 所示。

表 2-2　　　　　　　　　　　　　　　　　　表结构

字段名	商品编号	商品名称	生产日期	单价	数量
字段值的表示方法	用 4 个字符表示	可以用40个字符表示	用 YYYY-MM-DD 表示	用带有 2 位小数、6 位整数的数值表示	用 5 位整数表示
数据类型	CHAR(4)	VARCHAR(40)	DATE	DECIMAL(8,2)	INT(5)

这样，我们就可以实现数据表的创建了。

2.2.1 数据类型

MySQL 支持多种数据类型，大致可以分为 3 类：数值类型、日期/时间类型和字符串类型。

1. 数值类型

MySQL 支持所有标准 SQL 数值数据类型。这些数值类型包括整数类型、浮点数类型和定点数类型。

（1）整数类型：TINY INT、SMALL INT、MEDIUM INT、INT / INTEGER、BIG INT。具体大小、范围如表 2-3 所示。

表 2-3　整数类型

类型	大小（字节）	范围（有符号）	说明
TINY INT	1	（−128，127）	小整数值
SMALL INT	2	（−32768，32767）	大整数值
MEDIUM INT	3	（−8388608，8388607）	大整数值
INT/INTEGER	4	（−2147483648，2147483647）	大整数值
BIG INT	8	（−9223372036854775808，9223372036854775807）	极大整数值

（2）浮点数类型：FLOAT、DOUBLE。具体大小与精度如表 2-4 所示。

表 2-4　浮点数类型

数据类型	大小（字节）	精度
FLOAT(M,D)	4	单精度浮点数值，8 位精度，M 表示数字的总位数，D 表示小数点后面数字的位数
DOUBLE(M,D)	8	双精度浮点数值，16 位精度，M 表示数字的总位数，D 表示小数点后面数字的位数

（3）定点数类型：DECIMAL，用来存储确切精度的值。在 DECIMAL(M,D) 中，M 表示数字的总位数，D 表示小数点后面数字的位数。

2. 日期/时间类型

表示时间值的日期/时间类型有 DATE、TIME、DATETIME、YEAR 和 TIMESTAMP。具体大小、格式、范围如表 2-5 所示。

表 2-5　日期/时间类型

类型	大小（字节）	格式	范围	说明
DATE	3	YYYY-MM-DD	1000-01-01～9999-12-31	日期值
TIME	3	HH:MM:SS	−838:59:59～838:59:59	时间值或持续时间
DATETIME	8	YYYY-MM-DD HH:MM:SS	1000-01-01 00:00:00～ 9999-12-31 23:59:59	混合日期和时间值
YEAR	1	YYYY	1901～2155	年份值
TIMESTAMP	4	YYYY-MM-DD HH:MM:SS	1970-01-01 00:00:00 UTC～ 2038-01-19 03:14:07 UTC	混合日期和时间值，时间戳

3. 字符串类型

字符串类型的数据主要是由字母、汉字、数字符号、特殊符号构成的数据对象。字符串类型指 CHAR、VARCHAR、BINARY、VARBINARY、BLOB、TEXT、ENUM 和 SET。

（1）CHAR 与 VARCHAR

CHAR 与 VARCHAR 类型类似，较为常用，两者的不同之处在于最大长度、尾部空格是否被保留、保存和检索的方式，具体如表 2-6 所示。

表 2-6   CHAR 与 VARCHAR 的比较

类型	大小（字节）	用途
CHAR	0～255	① 定长字符串； ② 当保存 CHAR 值时，在右边填充空格以达到指定的长度； ③ 检索时，尾部空格会被删除。 建议：当确定字符串为定长、数据变更频繁、数据检索需求少时，使用此数据类型
VARCHAR	0～65535	① 变长字符串； ② 当保存 VARCHAR 值时，只保存需要的字符数，另加 1 字节记录长度（总长度为 $L+1$ 字节），右边不再填充空格以达指定长度，节省空间。 建议：当不确定字符串长度、对数据的变更少、查询频繁时，使用此数据类型

（2）BINARY 与 VARBINARY

"BINARY 和 VARBINARY"与"CHAR 和 VARCHAR"类型类似，但也有不同之处。

① BINARY 和 VARBINARY 存储的是二进制的字符串，而非字符型字符串。也就是说，BINARY 和 VARBINARY 没有字符集的概念，对其排序和比较都是按照二进制值进行的。BINARY（N）和 VARBINARY（N）中的 N 指字节长度，而 CHAR（N）和 VARCHAR（N）中的 N 指字符长度。对于 BINARY（10），其可存储的字节固定为 10，而对于 CHAR（10），其可存储的字节视字符集的情况而定。

② 在进行字符比较时，CHAR 和 VARCHAR 比较的是字符本身的存储情况，忽略字符后的填充字符；而对于 BINARY 和 VARBINARY 来说，由于是按照二进制值来进行比较的，因此二者的结果会有很大的区别。

③ 对于 BINARY 字符串，其右边填充的字符是 0x00，而 CHAR 的填充字符为 0x20。

（3）TEXT 与 BLOB

当保存少量字符串的时候，我们会选择使用 CHAR 或 VARCHAR，但当保存较大文本时，通常会选择使用 TEXT 或 BLOB。TEXT 与 BLOB 根据存储文本长度和存储字节的不同，又都分为了 4 种类型。

TEXT 的 4 种类型为：TINYTEXT、TEXT、MEDIUM TEXT 和 LONG TEXT，分别对应不同的长度。TEXT 是非二进制字符串，需要指定字符集，并按照该字符集进行校验和排序。它只能存储纯文本，可以看作是 VARCHAR 在长度不足时的扩展。

BLOB 的 4 种类型为：TINYBLOB、BLOB、MEDIUM BLOB 和 LONG BLOB，分别对应不同的长度。BLOB 存储的是二进制数据，因此无须字符集校验。BLOB 除了存储文本信息外，还可以保存图片等信息，BLOB 可以看作是 VARBINARY 在长度不足时的扩展。

两者之间的比较如表 2-7 所示。

表 2-7   TEXT 与 BLOB 的比较

类型	大小（字节）	用途
TEXT	0～65535	长文本数据，常用于存储个人介绍、情况说明、内容简介，多用于直接显示
BLOB	0～65535	二进制形式的长文本数据，常用于存储声音、视频、图像等，不用于显示，多用于保存文档

（4）ENUM

ENUM 表示枚举类型，是一个字符串对象，其值通常来自于一个允许值列表，该列表在表创建时的列规格说明中被明确地列举，相对应用较少。

（5）SET

SET 是一个集合对象，可以包含 0～64 个成员，其值为一个整数。

2.2.2　约束

约束所起的作用是限制表中的数据，以保证添加到数据表中的数据准确、可靠。不符合约束的数据将不能实现插入操作。

约束的添加可以在一开始创建表时实现，也可在后期修改表时实现。

1. 约束的分类

（1）PRIMARY KEY：主键约束，保证列的不可重复性（唯一性）和非空性。这是数据表中不可缺少的一个约束，每个表都会有一个或一组主键。MySQL 数据库提供了一个自增的数字，专门用来自动生成主键值，主键值无须用户维护，自动生成，自增数从 1 开始，以 1 的步长递增（AUTO_INCREMENT）。

（2）NOT NULL：非空约束，保证字段的值不能为空。

（3）DEFAULT：默认约束，保证字段总会有值，即使不插入任何值，也会有默认值。

（4）UNIQUE：唯一约束，保证列的不可重复性（唯一性），可以为空。

（5）CHECK：检查性约束（在 MySQL 中此约束不敏感）。

（6）FOREIGN KEY：外键约束，用于限制两个表的关系，保证从表字段的值来自于主表相关联的字段的值。

2. 约束的应用

（1）主键约束、非空约束、默认约束的使用

【例 2-7】请创建在 2.2 节中介绍的"商品表"，将商品编号的字段类型修改为整型，添加自增约束并设置为主键，为商品名称设置默认值"计算机"，设置生产日期、单价和数量都不能为空。

```
CREATE TABLE 商品表
(
商品编号   INT   PRIMARY KEY AUTO_INCREMENT,
商品名称   VARCHAR(40) DEFAULT '计算机',
生产日期   DATE NOT NULL,
单价   DECIMAL(8,2) NOT NULL,
数量   INT NOT NULL
);
```

（2）主键约束、非空约束、唯一约束、检查性约束的使用

【例 2-8】请创建"用户表"，其中用户编号为 CHAR(7)，用户名为 VARCHAR(20)，出生日期为 DATE，必须大于 2003-01-01，性别为 CHAR(2)，性别只能是男或女，联系方式 CHAR(11)唯一约束。

```
CREATE TABLE 用户表
(
用户编号   CHAR(7) PRIMARY KEY,
用户名   VARCHAR(20) NOT NULL,
出生日期   DATE NOT NULL CHECK(出生日期>2003-01-01),
性别   CHAR(2) NOT NULL CHECK(性别='男' OR 性别='女'),
联系方式   CHAR(11) UNIQUE NOT NULL
);
```

（3）外键约束的使用

【例 2-9】请创建"订单表"，其中包括字段订单编号 CHAR(7)、商品编号（参照商品表的商品编号）、数量 INT、价格 DECIMAL(8,2)。

```
CREATE TABLE 订单表
(
订单编号   CHAR(7) PRIMARY KEY,
商品编号   INT NOT NULL,
数量   INT NOT NULL,
价格   DECIMAL(8,2) NOT NULL,
FOREIGN KEY(商品编号)
REFERENCES 商品表(商品编号)
ON DELETE RESTRICT
ON UPDATE CASCADE
);
```

其中，"REFERENCES 商品表（商品编号）"实现的意义是"订单表"中的商品编号参照"商品表"中的商品编号，即"订单表"中的所有商品编号必须是"商品表"中的商品编号。"ON DELETE RESTRICT"实现的意义是当在主表"商品表"中删除被参照列商品编号的值时，拒绝对主表进行删除操作。"ON UPDAETE CASCADE"实现的意义是当在主表"商品表"中更新行时，自动更新子表"订单表"中匹配的行。

定义外键时，需要遵守下列规则。

● 主表必须已经存在于数据库中，或者是当前正在创建的表。如果是当前正在创建的表，则主表与从表是同一个表，这样的表称为自参照表，这种结构称为自参照完整性。

● 必须为主表定义主键。

● 主键不能包含空值，但外键中允许出现空值。也就是说，只要外键的每个非空值出现在指定的主键中，这个外键的内容就是正确的。

● 在主表的表名后面指定列名或列名的组合。这个列或列的组合必须是主表的主键或候选键。

● 外键中列的数目必须和主表的主键中列的数目相同。

● 外键中列的数据类型必须和主表中主键对应列的数据类型相同。

2.2.3 数据表的创建

我们知道，数据库中存放着多个表，那么这些表是如何创建的呢？首先我们要根据 2.2 节介绍的商品表分析出每个表中字段的名称、类型、长度和约束等信息，然后搭建表结构。具体的语法格式如下。

```
CREATE TABLE [IF NOT EXISTS]数据表名
(
字段名 类型(长度) [NOT NULL|NULL|默认值|主键|约束...,
字段名 类型(长度) [NOT NULL|NULL|默认值|主键|约束...,
...
);
```

> **注意**
> - { | }表示二选一，[ ]表示可选项。
> - 字母大小写均可，所有标点符号都必须在半角状态下。
> - **CREATE TABLE：创建表。**
> - **IF NOT EXISTS：判断数据表是否存在。**

【例 2-10】请完成"XSCJ"数据库中"学生基本信息表""课程信息表"和"成绩表"的创建。创建学生基本信息表的代码如下。

```
CREATE TABLE 学生基本信息表
  (
  学号  CHAR(8) PRIMARY KEY,
  姓名  CHAR(30) NOT NULL,
  性别  CHAR(2),
  出生日期 DATE NOT NULL,
  民族  CHAR(30) NOT NULL,
  政治面貌 CHAR(8) NOT NULL,
  专业名称 CHAR(20),
  家庭住址 CHAR(30) NULL,
  联系方式 CHAR(11) NOT NULL,
  总学分 INT(3) NOT NULL,
  照片  BLOB,
  备注  TEXT
);
```

执行结果如图 2-9 所示。

图 2-9　学生基本信息表的创建（1）

> **注意** 执行结果出现了错误，根据错误反馈可知，没有选择数据库，因此，在创建表之前，一定要先通过 USE 语句打开数据库；另外，最后一个字段末尾的逗号要省略。

正确的执行结果如图 2-10 所示。

```
mysql> USE XSCJ;
Database changed
mysql> CREATE TABLE 学生基本信息表
    -> (
    ->    学号 CHAR(8) PRIMARY KEY,
    ->    姓名 CHAR(30) NOT NULL,
    ->    性别 CHAR(2),
    ->    出生日期 DATE NOT NULL,
    ->    民族 CHAR(30) NOT NULL,
    ->    政治面貌 CHAR(8) NOT NULL,
    ->    专业名称 CHAR(20),
    ->    家庭住址 CHAR(30) NOT NULL,
    ->    联系方式 CHAR(11) NOT NULL,
    ->    总学分 INT(3) NOT NULL,
    ->    照片 BLOB,
    ->    备注 TEXT
    -> );
Query OK, 0 rows affected (0.03 sec)
```

图 2-10　学生基本信息表的创建（2）

创建课程信息表的代码如下。

```
CREATE TABLE 课程信息表
  (
   课程号 CHAR(3)  PRIMARY KEY,
   课程名 CHAR(30) NOT NULL,
   开课学期 TINYINT(1) NOT NULL DEFAULT '1' COMMENT '只能为 1-6',
   学时 CHAR(2) NOT NULL,
   学分 INT(3) NOT NULL
);
```

创建成绩表的代码如下。

```
CREATE TABLE 成绩表
  (
   学号 CHAR(8) NOT NULL,
   课程号 CHAR(3) NOT NULL,
   成绩 FLOAT(5,2),
   学分 INT(3),
   PRIMARY KEY(学号,课程号)
);
```

> **注意**　当两个字段同时作为主键时，不能在每个字段的后方添加 PRIMARY KEY，可以在 PRIMARY KEY 之后添加括号，将多个作为主键的字段名放进括号中并用逗号隔开。

2.2.4　数据表的查看

数据表的查看方法分为两种：一种是查看数据库中有哪些表，另一种是查看数据表的具体结构。

1. 查看数据库中有哪些表

语法格式如下。

```
SHOW TABLES;      /*与查看数据库很相似*/
```

> **注意** "/*与查看数据库很相似*/"为注释，添加了注释符号的语句不会被执行和解析，只能作为描述出现。在MySQL中，注释符有3种。
> - #：例如，SHOW TABLES;#查看当前数据库中有哪些数据表。
> - ──：例如，SHOW TABLES;──查看当前数据库中有哪些数据表。
> - /*...*/：例如，SHOW TABLES; /*查看当前数据库中有哪些数据表*/。

【例2-11】请查看"XSCJ"数据库中有哪些表。

SHOW TABLES;

执行结果如图2-11所示。

图2-11　查看当前库中所有表

2. 查看数据表的具体结构

语法格式如下。

DESCRIBE\DESC 库名.表名　　/*如果数据表所属的数据库没有打开，则使用此语法查看*/
DESCRIBE\DESC 表名　　　　/*如果数据表所属的数据库已经打开，则使用此语法查看*/

【例2-12】请查看"XSCJ"数据库中"学生基本信息表"的表结构。

DESC XSCJ.学生基本信息表;

或

DESC 学生基本信息表;

执行结果如图2-12所示。

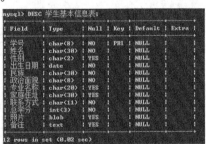

图2-12　查看学生基本信息表的表结构

> **注意** 也可使用"DESC 学生基本信息表 字段名;"来查看某些字段的结构。

2.2.5 数据表的修改

数据表创建后，根据一些变化的需求可以对表结构进行修改，包括修改表名与字段名、添加与删除字段、修改字段类型与长度等。

1. 修改表名

语法格式如下。

```
ALTER TABLE 旧表名
RENAME 新表名
```

【例 2-13】请将"学生基本信息表"的表名修改为"XSXX"。

```
ALTER TABLE 学生基本信息表
RENAME XSXX;
```

执行结果如图 2-13 所示。

图 2-13　表名的修改

2. 修改字段名

语法格式如下。

```
ALTER TABLE 表名
CHANGE 旧列名 新列名以及列定义
```

【例 2-14】请将"课程信息表"中的"课程号"更改为"CNO"。

```
ALTER TABLE 课程信息表
CHANGE 课程号 CNO CHAR(3);
```

执行结果如图 2-14 所示。

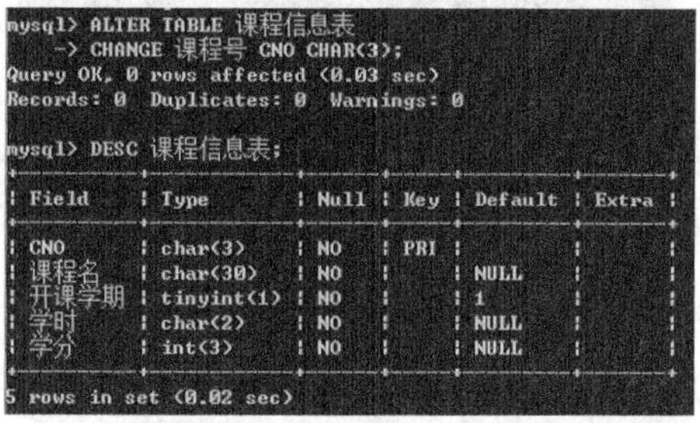

图 2-14　字段名的更改

注意

此时也可趁机更改字段类型和长度信息。

3. 添加字段

语法格式如下。

ALTER TABLE 表名
ADD 列名 类型(长度) 其他属性[FIRST|AFTER 列名]

【例 2-15】请在"课程信息表"中"开课学期"字段之后增加"上课教师 VARCHAR(20) NULL"。

ALTER TABLE 课程信息表
ADD 上课教师 VARCHAR(20) NULL AFTER 开课学期;

执行结果如图 2-15 所示。

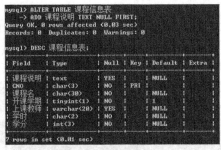

图 2-15 添加列（1）

【例 2-16】请在"课程信息表"中"CNO"字段之前，增加"课程说明 TEXT"。

ALTER TABLE 课程信息表
ADD 课程说明 TEXT NULL FIRST;

执行结果如图 2-16 所示。

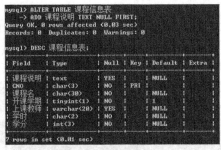

图 2-16 添加列（2）

注意

如果不用 AFTER 和 FIRST 来界定位置，则默认将新字段插入最后的位置。

4. 删除字段

语法格式如下。

```
ALTER TABLE 表名
DROP 列名
```

【例 2-17】请将“课程信息表”中的字段“课程说明”删除。

```
ALTER TABLE 课程信息表
DROP 课程说明;
```

执行结果如图 2-17 所示。

```
mysql> ALTER TABLE 课程信息表
    -> DROP 课程说明;
Query OK, 0 rows affected (0.03 sec)
Records: 0  Duplicates: 0  Warnings: 0

mysql> DESC 课程信息表;
+----------+-------------+------+-----+---------+-------+
| Field    | Type        | Null | Key | Default | Extra |
+----------+-------------+------+-----+---------+-------+
| CNO      | char(3)     | NO   | PRI |         |       |
| 课程名   | char(30)    | NO   |     | NULL    |       |
| 开课学期 | tinyint(1)  | NO   |     | 1       |       |
| 上课教师 | varchar(20) | YES  |     | NULL    |       |
| 学时     | char(2)     | NO   |     | NULL    |       |
| 学分     | int(3)      | NO   |     | NULL    |       |
+----------+-------------+------+-----+---------+-------+
6 rows in set (0.02 sec)
```

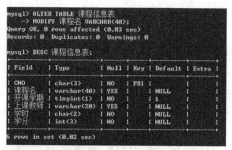

图 2-17　删除列

5. 修改字段类型与长度

语法格式如下。

```
ALTER TABLE 表名
MODIFY 列定义
```

【例 2-18】请将“课程信息表”中的字段“课程名”的属性更改为 VARCHAR(40)。

```
ALTER TABLE 课程信息表
MODIFY 课程名 VARCHAR(40);
```

执行结果如图 2-18 所示。

```
mysql> ALTER TABLE 课程信息表
    -> MODIFY 课程名 VARCHAR(40);
Query OK, 0 rows affected (0.03 sec)
Records: 0  Duplicates: 0  Warnings: 0

mysql> DESC 课程信息表;
+----------+-------------+------+-----+---------+-------+
| Field    | Type        | Null | Key | Default | Extra |
+----------+-------------+------+-----+---------+-------+
| CNO      | char(3)     | NO   | PRI |         |       |
| 课程名   | varchar(40) | YES  |     | NULL    |       |
| 开课学期 | tinyint(1)  | NO   |     | 1       |       |
| 上课教师 | varchar(20) | YES  |     | NULL    |       |
| 学时     | char(2)     | NO   |     | NULL    |       |
| 学分     | int(3)      | NO   |     | NULL    |       |
+----------+-------------+------+-----+---------+-------+
6 rows in set (0.02 sec)
```

图 2-18　更改列的属性

2.2.6　数据表的删除

当不再需要一个表时，可将它删除，语法格式如下。

```
DROP TABLE [IF EXISTS] 表名 1,表名 2…
```

【例 2-19】请删除“课程信息表”和“XSXX”。

```
DROP TABLE 课程信息表,XSXX;
```

执行结果如图 2-19 所示。

```
mysql> SHOW TABLES;
+---------------+
| Tables_in_xscj |
+---------------+
| 成绩表          |
| 课程信息表      |
| xsxx          |
+---------------+
3 rows in set (0.00 sec)

mysql> DROP TABLE 课程信息表,XSXX;
Query OK, 0 rows affected (0.01 sec)

mysql> SHOW TABLES;
+---------------+
| Tables_in_xscj |
+---------------+
| 成绩表          |
+---------------+
1 row in set (0.00 sec)
```

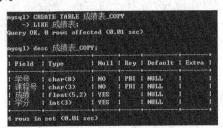

图 2-19　表的删除

> **注意**
> **IF EXISTS 的使用与前面相同，这里不再详述。**

2.2.7　数据表的复制

数据表的复制分两种：一种是表结构的复制，另一种是表结构和表数据的完整复制。

1. 表结构复制

语法格式如下。

```
CREATE TABLE 新表名
LIKE 要参照的已有表名
```

【例 2-20】请复制“成绩表”的表结构到新表“成绩表_COPY”。

```
CREATE TABLE 成绩表_COPY
LIKE 成绩表;
```

执行结果如图 2-20 所示。

```
mysql> CREATE TABLE 成绩表_COPY
    -> LIKE 成绩表;
Query OK, 0 rows affected (0.01 sec)

mysql> desc 成绩表_COPY;
+--------+------------+------+-----+---------+-------+
| Field  | Type       | Null | Key | Default | Extra |
+--------+------------+------+-----+---------+-------+
| 学号   | char(8)    | NO   | PRI | NULL    |       |
| 课程号 | char(3)    | NO   | PRI | NULL    |       |
| 成绩   | float(5,2) | YES  |     | NULL    |       |
| 学分   | int(3)     | YES  |     | NULL    |       |
+--------+------------+------+-----+---------+-------+
4 rows in set (0.01 sec)
```

图 2-20　表结构复制

2. 完整复制

复制表结构和表记录的语法格式如下。

CREATE TABLE 新表名
AS
(SELECT * FROM 要参照的已有表名)

关于查询语句 SELECT 的应用我们将在 2.6 节中进行详细介绍。

2.3 数据插入

数据表记录的插入、删除、修改和查询（简称"增删改查"）操作是数据库学习的核心部分。

2.3.1 不指定列名

不指定列名插入数据的语法格式如下。

INSERT INTO 表名
VALUES(值 1,值 2,...);

【例 2-21】请向"学生基本信息表"（学号，姓名，性别，出生日期，民族，政治面貌，专业名称，家庭住址，联系方式，总学分，照片，备注）中插入一条记录。各个值为：20200101，王琳，1，2001-02-10，汉族，中共党员，计算机应用技术，山东省潍坊市，133********，27，NULL，NULL。

INSERT INTO 学生基本信息表
VALUES
('20200101','王琳',1,'2001-02-10','汉族','中共党员','计算机应用技术','山东省潍坊市','133********',
27,NULL,NULL);
SELECT * FROM 学生基本信息表;   /*查询"学生基本信息表"*/

执行结果如图 2-21 所示。

图 2-21　不指定列名插入并查询记录

 注意 在不指定列名的情况下，VALUES 后面值的排列顺序要与表结构中的字段排列顺序一致，否则会因为不对应而报错。另外，对于一些可以为 NULL 的字段，如果没有值，则要用 NULL 来占位。

2.3.2 指定列名

指定列名插入数据的语法格式如下。

INSERT INTO 表名(字段 1,字段 2,...)
VALUES(值 1,值 2,...);

【**例 2-22**】请向"学生基本信息表"（学号，姓名，出生日期，民族，政治面貌，联系方式，总学分，备注）中插入一条记录。各个值为：20200102，程明明，2001-02-01，汉族，共青团员，133********，24，"有一门功课不及格，待补考"。

INSERT INTO 学生基本信息表(学号,姓名,出生日期,民族,政治面貌,联系方式,总学分,备注)
VALUES('20200102','程明明','2001-02-01','汉族','共青团员','133********',24,'有一门功课不及格,待补考');

执行结果如图 2-22 所示。

图 2-22　指定列名插入并查询记录

注意　在指定列名的情况下，VALUES 后面值的排列顺序要跟随前面字段排列顺序变化，实现一一对应。

2.3.3　批量导入

MySQL 还可实现批量导入记录，语法格式如下。

INSERT INTO 表名
VALUES
(值 1,值 2,...),
(值 1,值 2,...),
...

　或

INSERT INTO 表名(字段 1,字段 2,...)
VALUES
(值 1,值 2,...),
(值 1,值 2,...),
...

【**例 2-23**】请向"学生基本信息表"中批量插入多条记录。

INSERT INTO 学生基本信息表
VALUES
('20200103','王艳',0,'2001-10-06','苗族','共青团员','计算机应用技术','北京市','133********',27,NULL,'优秀班干部'),
('20200104','韦小宝',1,'2000-08-26','傣族','中共党员', '计算机应用技术','上海市','133********',27,
NULL,NULL),
('20200105','李刚',1,'2000-11-20', '汉族','共青团员','计算机应用技术','河南省开封市','133********',
27,NULL,NULL),
('20200201','李明',1,'2001-05-01','汉族','中共预备党员','软件技术','湖北省武汉市','133********',23, NULL,
'有一门功课不及格,待补考');

执行结果如图 2-23 所示。

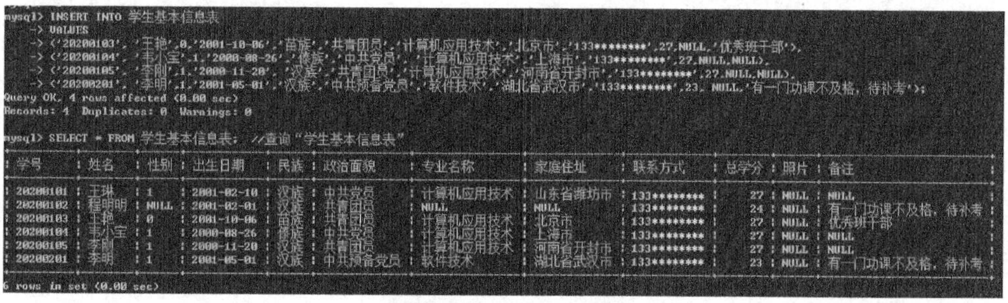

图 2-23　批量导入数据

2.4　数据修改

插入数据记录之后，可以通过 UPDATE 语句来进行修改。

2.4.1　单表修改

单表修改的语法格式如下。

UPDATE　表名
SET　列名 1=表达式 1[,列名 2=表达式 2...]
[WHERE　条件]

【例 2-24】请将"学生基本信息表"中学号为"20200101"的学生姓名设置为"王琳琳"，民族设置为"回族"。

UPDATE　学生基本信息表
SET　姓名='王琳琳',民族='回族'
WHERE　学号='20200101';

执行结果如图 2-24 和图 2-25 所示。

图 2-24　数据修改

图 2-25　修改后的查询验证

通过查询，我们会发现，实现了字段值的成功修改。

2.4.2　多表修改

多表修改的语法格式如下。

```
UPDATE 表名 1,表名 2...
SET 列名 1=表达式 1[,列名 2=表达式 2...]
[WHERE 条件]
```

【例 2-25】请将"课程信息表"和"成绩表"中课程号为"101"的学分改为 2。

```
UPDATE 课程信息表,成绩表
SET 课程信息表.学分=2,成绩表.学分=2
WHERE 课程信息表.课程号=成绩表.课程号 and 课程信息表.课程号='101';
```

执行结果如图 2-26 所示。

注意

WHERE 子句是条件子句。

图 2-26 两个表同时修改与查询

2.5 数据删除

对于一些不需要的数据,可以通过命令来进行删除。

2.5.1 单表删除

单表删除的语法格式如下。

```
DELETE FROM 表名
WHERE 条件
```

【例 2-26】学号为"20200101"的学生转学,请删除"学生基本信息表"中该学生记录。

```
DELETE FROM 学生基本信息表
WHERE  学号='20200101';
```

执行结果如图 2-27 和图 2-28 所示。

图 2-27　删除数据

图 2-28　查询数据

2.5.2　多表删除

多表删除的语法格式如下。

```
DELETE 表名 1,表名 2...
FROM 表名 1,表名 2...
WHERE 条件
```

或

```
DELETE
FROM 表名 1,表名 2...
USING  表名 1,表名 2...
WHERE  条件
```

【例 2-27】课程号为"101"的课程停课，请同时删除"课程信息表"和"成绩表"的记录。

```
DELETE 课程信息表,成绩表
FROM  课程信息表,成绩表
WHERE  课程信息表.课程号=成绩表.课程号 and 课程信息表.课程号='101';
```

或

```
DELETE
FROM 课程信息表,成绩表
USING 课程信息表,成绩表
WHERE  课程信息表.课程号=成绩表.课程号 and 课程信息表.课程号='101';
```

执行结果如图 2-29 所示。

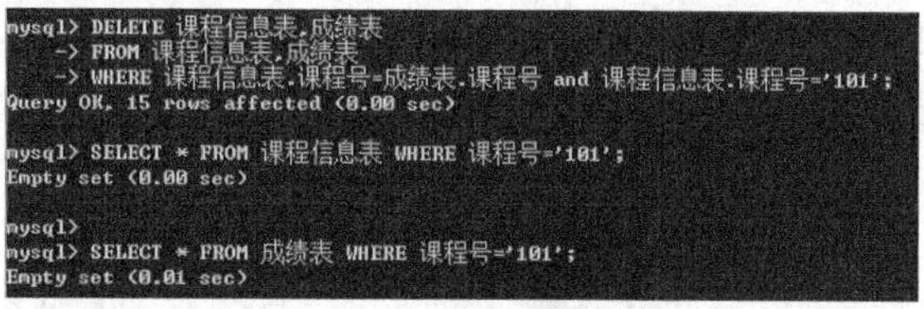

图 2-29　多表删除

2.5.3　删除表中所有记录

删除表中所有记录的语法格式如下。

```
TRUNCATE TABLE 表名
```

使用 DELETE 删除记录是逐条进行的，速度稍慢，当我们想快速删除表中所有记录时，可以使用上面的语句，但需要注意的是，删除的记录不能恢复，所以需慎用。

【例 2-28】删除"学生基本信息表"中的所有记录。

TRUNCATE TABLE 学生基本信息表;

执行结果如图 2-30 所示。

```
mysql> TRUNCATE  TABLE   学生基本信息表;
Query OK, 0 rows affected (0.02 sec)

mysql> SELECT * FROM 学生基本信息表;
Empty set (0.00 sec)
```

图 2-30　删除所有记录

注意 　使用 TRUNCATE TABLE 删除的是表记录，但表结构仍存在；要想同时删除表结构与表记录，应使用 DROP TABLE（表名）。

2.6　数据查询

从数据库中检索数据是数据库应用中非常重要的内容，其语法格式如下。

```
SELECT [ALL | DISTINCT]    输出列表达式, ...
[FROM  表名 1 [, 表名 2] ...]          /*FROM 子句*/
[WHERE  条件]                        /*WHERE 子句*/
[GROUP BY {列名 | 表达式 | 列编号}
[ASC | DESC], ...                    /* GROUP BY  子句*/
[HAVING  条件]                       /* HAVING  子句*/
[ORDER BY {列名 | 表达式 | 列编号}
[ASC | DESC] , ...]                  /*ORDER BY 子句*/
[LIMIT {[偏移量,] 行数|行数 OFFSET 偏移量}] /*LIMIT 子句*/
```

2.6.1　SELECT 子句

1. 指定查询所有列

当要查询表中所有列的数据时，可以在 SELECT 子句后加上"*"。SELECT 语法格式如下。

SELECT *

【例 2-29】请查询"学生基本信息表"中所有列。

SELECT *
FROM 学生基本信息表;

执行结果如图 2-31 所示。

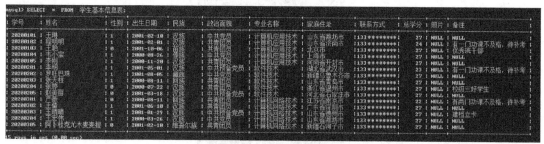

图 2-31 查询表中所有列

2. 指定特定字段

当要查询表中部分列的数据时，可以在 SELECT 子句后加上部分列的列名。SELECT 语法格式如下。

```
SELECT 字段 1,字段 2...
```

【例 2-30】请查询"学生基本信息表"中的学号、姓名、专业名称。

```
SELECT 学号,姓名,专业名称
FROM 学生基本信息表;
```

执行结果如图 2-32 所示。

图 2-32 查询表中部分列

3. 为字段定义别名

当我们要把查询结果的列名重新定义成一个新的名字时，可以使用 AS。需要注意的是，数据基本表中的字段名并没有被修改。SELECT 语法格式如下。

```
SELECT  字段 1  AS  别名 1, 字段 2  AS  别名 2...
```

【例 2-31】请查询"学生基本信息表"中姓名和总学分，并分别重新命名为 NAME 和 NUMBER。

```
SELECT 姓名 AS  NAME,总学分 AS NUMBER
FROM  学生基本信息表;
```

执行结果如图 2-33 所示。

图 2-33　给列定义别名

4. 消除重复值

在数据表中，许多值是重复的，当我们需要消除重复值时，就会用到 SELECT DISTINCT，语法格式如下。

SELECT　DISTINCT　字段

【例 2-32】请查询"学生基本信息表"中的学生来自哪些不同的民族。

SELECT DISTINCT 民族
FROM 学生基本信息表;

执行结果如图 2-34 所示。

图 2-34　消除重复值

5. 可使用计算列

【例 2-33】请将"学生基本信息表"中的总学分都加上 5 分，然后进行查询，查询中显示总学分、新总学分。

SELECT 总学分,(总学分+5) AS 新总学分
FROM 学生基本信息表;

执行结果如图 2-35 所示。

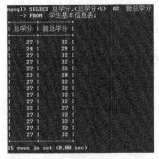

图 2-35　使用计算列后定义别名

注意 源数据表的内容没有变化，只是在查询结果中进行了更改，要想修改源数据表中的内容，需要使用前面所学的 UPDATE 语句。

6. 替换结果中的数据

当查询数据表时，有时我们不是需要一个直接的值，而是需要通过对这个值的判断返回一些直观的结果，这就需要使用判断语句，语法格式如下。

```
SELECT    字段 1,字段 2...
CASE
WHEN   条件 1   THEN   结果 1
WHEN   条件 2   THEN   结果 2
...
ELSE   结果 N
END
```

这是一个分支判断语句。从条件 1 开始判断，如果满足条件 1，就返回结果 1，以此类推，如果所有条件都不满足，则返回结果 N。

【例 2-34】请查询"学生基本信息表"中的学号、姓名和总学分，并对总学分进行替换，当总学分大于 25 时，替换为"优秀"，当总学分大于 22 且小于或等于 25 时，替换为"良好"，反之，替换为"合格"，将列标题改为"等级"。

```
SELECT   学号,姓名,
CASE
WHEN   总学分>25   THEN   '优秀'
WHEN   22<总学分   AND   总学分<=25   THEN   '良好'
ELSE   '合格'
END   AS   等级
FROM   学生基本信息表;
```

执行结果如图 2-36 所示。

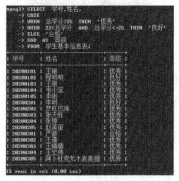

图 2-36   替换结果中的数据

2.6.2   FROM 子句

FROM 语句在查询中，后跟表名，如果有多个表，可用","隔开多个表名，也可使用 AS 给表名定义别名。

2.6.3 WHERE 子句

WHERE 语句是一个条件子句，它紧跟 SELECT 子句，使用该语句可实现查询结果行的筛选。

1. 比较运算

常见的比较运算符有：=（等于）、>（大于）、>=（大于或等于）、<（小于）、<=（小于或等于）、<>或!=（不等于）。

【例 2-35】查询"学生基本信息表"中政治面貌是"中共党员"的学生的信息。

```
SELECT  *
FROM  学生基本信息表
WHERE  政治面貌='中共党员';
```

执行结果如图 2-37 所示。

![图2-37 使用比较运算符的条件查询（1）的执行结果截图，显示学生基本信息表中政治面貌为中共党员的4条记录]

图 2-37 使用比较运算符的条件查询（1）

【例 2-36】请查询"成绩表"中成绩低于 60（分）的学生的学号、课程号和成绩。

```
SELECT  学号,课程号,成绩
FROM  成绩表
WHERE  成绩<60;
```

执行结果如图 2-38 所示。

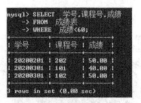

图 2-38 使用比较运算符的条件查询（2）

2. 逻辑运算

常用的逻辑运算符有 AND 或&&、OR 或||、NOT 或!、XOR，如表 2-8 所示。

表 2-8 常用的逻辑运算符

逻辑运算符号	运算规则	举例	返回真的条件
AND 或&&	逻辑与	A AND B 或 A && B	必须同时满足 A 和 B 两个条件
OR 或||	逻辑或	A OR B 或 A || B	A 和 B 两个条件满足一个即可
NOT 或!	逻辑非	NOT A	A 为假
XOR	逻辑异或	A XOR B	满足 A 条件或满足 B 条件

【例2-37】请查询"学生基本信息表"中民族是"汉族"并且政治面貌是"中共党员"的学生的姓名和专业名称。

```
SELECT   姓名,专业名称
FROM   学生基本信息表
WHERE   民族='汉族'   AND   政治面貌='中共党员';
```

执行结果如图2-39所示。

图2-39   使用逻辑与比较运算符的条件查询（1）

【例2-38】请查询"学生基本信息表"中民族是"汉族"或"回族"，政治面貌是"中共党员"的学生姓名和专业名称。

```
SELECT   姓名,专业名称
FROM   学生基本信息表
WHERE   (民族='汉族' OR   民族='回族')   AND   政治面貌='中共党员';
```

或

```
SELECT   姓名,专业名称
FROM   学生基本信息表
WHERE   (民族='汉族' AND   政治面貌='中共党员')
OR   (民族='回族' AND   政治面貌='中共党员');
```

执行结果如图2-40所示。

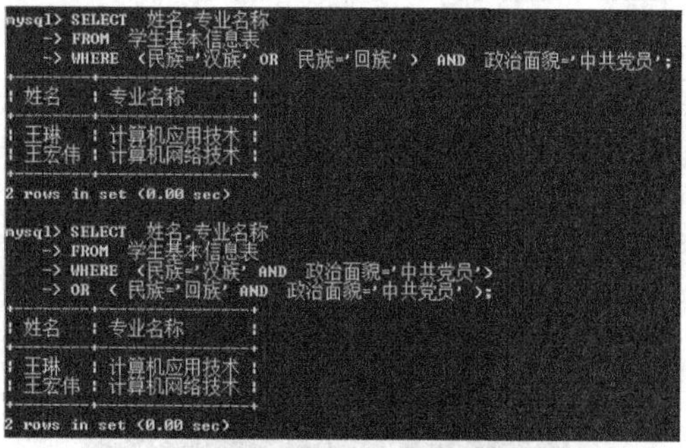

图2-40   使用逻辑与比较运算符的条件查询（2）

3. 模糊条件

在查询数据时，有时给定的条件不够清晰，例如"姓氏是张""家庭住址是山东省"这类条件，这时我们就需要用到 LIKE 关键字，语法格式如下。

```
WHERE   字段   [NOT]LIKE   值;
```

"值"中可用的通配符有"%"和"_","%"可以匹配0个或多个字符，而"_"可以匹配1个字符。

【例2-39】请查询"学生基本信息表"中姓氏是"张"并且姓名只有两个汉字的学生姓名。

```
SELECT  姓名
FROM  学生基本信息表
WHERE  姓名  LIKE  '张_';
```

执行结果如图2-41所示。

图2-41　模糊条件查询（1）

【例2-40】请查询"学生基本信息表"中姓名的第二个汉字是"明"的学生姓名。

```
SELECT  姓名
FROM  学生基本信息表
WHERE  姓名  LIKE  '_明%';
```

执行结果如图2-42所示。

图2-42　模糊条件查询（2）

【例2-41】请查询"学生基本信息表"中家庭住址不是"山东省"的学生的姓名和家庭住址。

```
SELECT  姓名,家庭住址
FROM  学生基本信息表
WHERE  家庭住址 NOT  LIKE  '山东省%';
```

执行结果如图2-43所示。

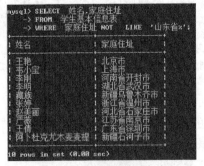

图2-43　模糊条件查询（3）

注意 因为"%"和"_"在一些记录中会存在，当要查询的条件为含有这两个符号的记录时，需要使用 ESCAPE 并且需要在"%"和"_"之前加上"#"进行转义，如"#%"和"#_"。

【例 2-42】请查询"学生基本信息表"中姓名字段有"_"的记录。

```
SELECT *
FROM  学生基本信息表
WHERE  姓名  LIKE  '%#_%'  ESCAPE  '#';
```

4. BETWEEN AND

BETWEEN AND 的语义是"在……和……之间"，在查询中也当作一个区间使用，等价于"大于等于……且小于等于……"。语法格式如下。

```
WHERE  字段  [NOT]  BETWEEN 表达式 1 AND 表达式 2;
```

【例 2-43】请查询"学生基本信息表"中在"2000-01-01"到"2000-08-31"之间出生的学生的姓名和出生日期。

```
SELECT  姓名,出生日期
FROM  学生基本信息表
WHERE 出生日期 BETWEEN  '2000-01-01'  AND  '2000-08-31';
```

或

```
SELECT  姓名,出生日期
FROM  学生基本信息表
WHERE  出生日期>='2000-01-01'  AND  出生日期<='2000-08-31';
```

执行结果如图 2-44 所示。

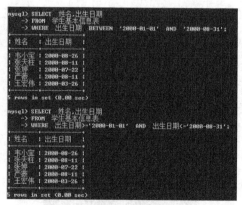

图 2-44 BETWEEN AND 应用

如果查询的是不在这个区间出生的学生的姓名，条件语句如下。

```
WHERE 出生日期 NOT BETWEEN '2000-01-01' AND '2000-08-31'.
```

注意 在使用时，BETWEEN 后跟随较小值，AND 后跟随较大值，如果颠倒，将查询不到结果。

5. IN

当查询一个字段的多个可能值时，使用 IN 关键字比较合适，语法如下。

```
WHERE  字段  [NOT]  IN(值 1,值 2...);
```

【例 2-44】请查询"课程信息表"中课程号是 101、201 或 301 的课程名。

```
SELECT  课程名
FROM  课程信息表
WHERE 课程号='101'  OR  课程号='201' OR  课程号='301'
```

或

```
SELECT  课程名
FROM  课程信息表
WHERE 课程号  IN('101', '201', '301');
```

显然，第二种查询语句更简洁。如果题目更改为"查询课程号不是 101、201 或 301 的课程名"，条件语句就要改为：WHERE 课程号 NOT IN('101', '201', '301')。

6. 是否为空

在数据表中有一些值是允许为空的，但"为空"并不意味着"为 0"，所以不能用"="或"！="来表达空或不空，而是用 IS NULL 或 IS NOT NULL 来表达，语法格式如下。

```
WHERE  字段  IS  [NOT]  NULL
```

【例 2-45】请查询"学生基本信息表"中备注是 NULL 的学生的姓名、备注。

```
SELECT  姓名,备注
FROM  学生基本信息表
WHERE  备注  IS  NULL;
```

执行结果如图 2-45 所示。

```
mysql> SELECT 姓名,备注
    -> FROM  学生基本信息表
    -> WHERE  备注  IS  NULL;

| 姓名             | 备注 |

| 王琳             | NULL |
| 韦小宝           | NULL |
| 李刚             | NULL |
| 罗旺巴珠         | NULL |
| 张天柱           | NULL |
| 赵美丽           | NULL |
| 王倩             | NULL |
| 王宏伟           | NULL |
| 阿卜杜克尤木麦麦提 | NULL |

9 rows in set (0.00 sec)
```

图 2-45 为空查询

如果要查询备注不为空的记录，则条件语句要改为：WHERE 备注 IS NOT NULL。

2.6.4 GROUP BY 子句

在实际应用中，我们经常会进行汇总查询。例如，统计学生人数，每个学生的总成绩，某门课程的平均分、最高分、最低分、总分等，这时我们要使用 GROUP BY 子句进行分组和统计。GROUP BY 子句可以根据一个列、多个列或是表达式进行分组，语法如下。

GROUP BY 字段名|表达式 [WITH ROLLUP]

在分组统计中，常用的聚合函数如表 2-9 所示。

表 2-9 常用的聚合函数

聚合函数	实现的意义	用法
SUM	统计总和	SUM(表达式)
MAX	统计最大值	MAX(表达式)
MIN	统计最小值	MIN(表达式)
AVG	统计平均值	AVG(表达式)
COUNT	统计满足条件的行数或总行数	COUNT(表达式)或 COUNT(*)

【例 2-46】请查询"学生基本信息表"中学生的数量。

SELECT COUNT(*) AS 总人数
FROM 学生基本信息表;

执行结果如图 2-46 所示。

图 2-46 统计有多少个学生

【例 2-47】请查询"学生基本信息表"中不同性别的学生人数。

SELECT 性别,COUNT(*) AS 总人数
FROM 学生基本信息表
GROUP BY 性别;

执行结果如图 2-47 所示。

图 2-47 统计各类性别人数

【例 2-48】请查询“学生基本信息表”总学分大于 25 的学生人数。

```
SELECT COUNT(*) AS 总人数
FROM 学生基本信息表
WHERE 总学分>25;
```

或

```
SELECT COUNT(总学分) AS 总人数
FROM 学生基本信息表
WHERE 总学分>25;
```

执行结果如图 2-48 所示。

```
mysql> SELECT COUNT(*) AS 总人数
    -> FROM 学生基本信息表
    -> WHERE 总学分>25;
+--------+
| 总人数 |
+--------+
|     12 |
+--------+
1 row in set (0.00 sec)

mysql> SELECT COUNT(总学分) AS 总人数
    -> FROM 学生基本信息表
    -> WHERE 总学分>25;
+--------+
| 总人数 |
+--------+
|     12 |
+--------+
1 row in set (0.00 sec)
```

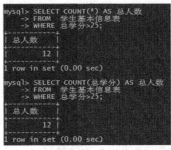

图 2-48　统计总学分大于 25 的人数

【例 2-49】请查询“成绩表”中每个学生的总成绩、平均成绩、最高分和最低分。

```
SELECT 学号,SUM(成绩) AS 总成绩,AVG(成绩) AS 平均成绩,MAX(成绩) AS 最高分,MIN(成绩) AS 最低分
FROM 成绩表
GROUP BY 学号;
```

执行结果如图 2-49 所示。

```
mysql> SELECT 学号,SUM(成绩) AS 总成绩,AVG(成绩) AS 平均成绩,MAX(成绩) AS 最高分,MIN(成绩) AS 最低分
    -> FROM 成绩表
    -> GROUP BY 学号;
+----------+--------+-----------+--------+--------+
| 学号     | 总成绩 | 平均成绩  | 最高分 | 最低分 |
+----------+--------+-----------+--------+--------+
| 20200101 | 645.00 | 80.625000 |  90.00 |  65.00 |
| 20200102 | 582.00 | 83.142857 |  90.00 |  70.00 |
| 20200103 | 683.00 | 85.375000 |  95.00 |  70.00 |
| 20200104 | 624.00 | 78.000000 |  89.00 |  60.00 |
| 20200105 | 661.00 | 82.625000 |  90.00 |  70.00 |
| 20200201 | 596.00 | 74.500000 |  86.00 |  50.00 |
| 20200202 | 608.00 | 76.000000 |  86.00 |  60.00 |
| 20200203 | 631.00 | 78.875000 |  88.00 |  60.00 |
| 20200204 | 728.00 | 91.000000 |  98.00 |  86.00 |
| 20200205 | 612.00 | 76.500000 |  86.00 |  70.00 |
| 20200301 | 524.00 | 65.500000 |  80.00 |  40.00 |
| 20200302 | 623.00 | 77.875000 |  88.00 |  66.00 |
| 20200303 | 611.00 | 76.375000 |  86.00 |  60.00 |
| 20200304 | 631.00 | 78.875000 |  90.00 |  60.00 |
| 20200305 | 604.00 | 75.500000 |  90.00 |  60.00 |
+----------+--------+-----------+--------+--------+
15 rows in set (0.01 sec)
```

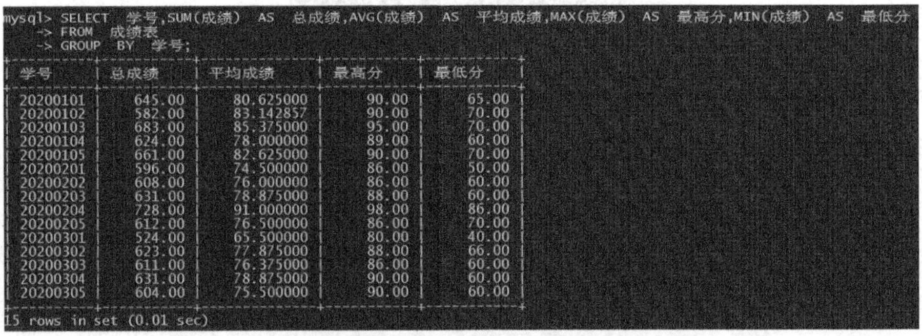

图 2-49　统计每个学生的总成绩、平均成绩、最高分和最低分

【例 2-50】请根据课程号与学号分组统计“成绩表”中的总成绩。

```
SELECT 课程号,学号,SUM(成绩) AS 总成绩
FROM 成绩表
GROUP BY 课程号,学号;
```

执行结果如图 2-50 所示。

```
mysql> SELECT 课程号,学号,SUM(成绩)  AS 总成绩
    -> FROM 成绩表
    -> GROUP  BY  课程号,学号;
+--------+----------+--------+
| 课程号 | 学号     | 总成绩 |
+--------+----------+--------+
| 101    | 20200101 |  80.00 |
| 101    | 20200103 |  80.00 |
| 101    | 20200104 |  78.00 |
| 101    | 20200105 |  80.00 |
| 101    | 20200201 |  85.00 |
| 101    | 20200202 |  80.00 |
| 101    | 20200203 |  60.00 |
| 101    | 20200204 |  90.00 |
| 101    | 20200205 |  80.00 |
| 101    | 20200301 |  40.00 |
| 101    | 20200302 |  70.00 |
| 101    | 20200303 |  80.00 |
| 101    | 20200304 |  60.00 |
| 101    | 20200305 |  80.00 |
| 102    | 20200101 |  87.00 |
```

图 2-50　根据课程号与学号分组统计“成绩表”中总成绩

如果在上面的查询语句中加入 WITH ROLLUP，我们来看一下查询结果。

```
SELECT 课程号,学号,SUM(成绩)  AS 总成绩
FROM 成绩表
GROUP  BY  课程号,学号
WITH  ROLLUP;
```

执行结果如图 2-51 所示。

```
mysql> SELECT 课程号,学号,SUM(成绩)  AS 总成绩
    -> FROM 成绩表
    -> GROUP  BY  课程号,学号
    -> WITH  ROLLUP;
+--------+----------+---------+
| 课程号 | 学号     | 总成绩  |
+--------+----------+---------+
| 101    | 20200101 |   80.00 |
| 101    | 20200103 |   80.00 |
| 101    | 20200104 |   78.00 |
| 101    | 20200105 |   80.00 |
| 101    | 20200201 |   85.00 |
| 101    | 20200202 |   80.00 |
| 101    | 20200203 |   60.00 |
| 101    | 20200204 |   90.00 |
| 101    | 20200205 |   80.00 |
| 101    | 20200301 |   40.00 |
| 101    | 20200302 |   70.00 |
| 101    | 20200303 |   80.00 |
| 101    | 20200304 |   60.00 |
| 101    | 20200305 |   80.00 |
| 101    | NULL     | 1043.00 |
| 102    | 20200101 |   87.00 |
```

图 2-51　分类小计

我们发现，在查询结果中多出了一条汇总行，由此可知，WITH ROLLUP 语句可对已统计数据进行分类小计。

2.6.5 HAVING 子句

HAVING 子句与 WHERE 子句都是条件语句，它们的作用相同。不同的是，WHERE 子句紧跟 FROM 子句用于选择行；而 HAVING 子句紧跟 GROUP BY 子句用于选择行。

【例 2-51】请查询“成绩表”中学生总成绩高于 630 分的学生的学号和总成绩。

第一步：分类汇总出每个学生的总成绩。

```
SELECT  学号,SUM(成绩)  AS  总成绩
FROM  成绩表
GROUP  BY  学号;
```

执行结果如图 2-52 所示。

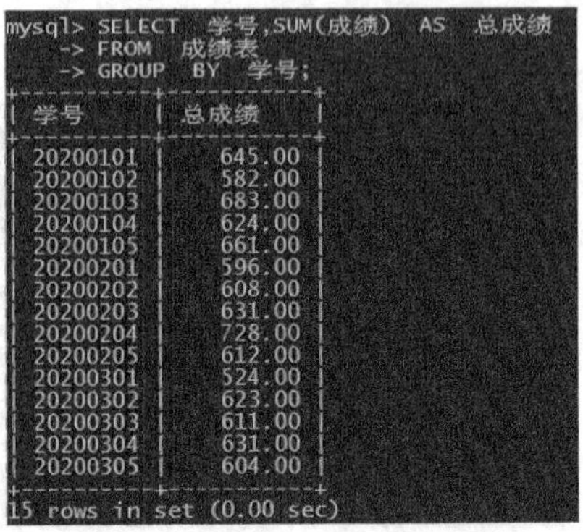

```
mysql> SELECT  学号,SUM(成绩)  AS  总成绩
    -> FROM  成绩表
    -> GROUP  BY  学号;
+----------+----------+
| 学号     | 总成绩   |
+----------+----------+
| 20200101 |   645.00 |
| 20200102 |   582.00 |
| 20200103 |   683.00 |
| 20200104 |   624.00 |
| 20200105 |   661.00 |
| 20200201 |   596.00 |
| 20200202 |   608.00 |
| 20200203 |   631.00 |
| 20200204 |   728.00 |
| 20200205 |   612.00 |
| 20200301 |   524.00 |
| 20200302 |   623.00 |
| 20200303 |   611.00 |
| 20200304 |   631.00 |
| 20200305 |   604.00 |
+----------+----------+
15 rows in set (0.00 sec)
```

图 2-52　统计每个学生的总成绩

第二步：在汇总明细中筛选出总成绩高于 630 分的学生的学号与成绩。

```
SELECT   学号,SUM(成绩)   AS   总成绩
FROM   成绩表
GROUP   BY   学号
HAVING   SUM(成绩)>630;
```

执行结果如图 2-53 所示。

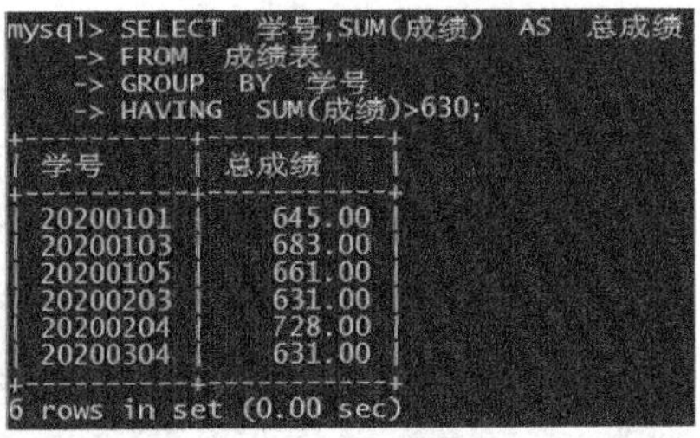

```
mysql> SELECT  学号,SUM(成绩)  AS  总成绩
    -> FROM  成绩表
    -> GROUP  BY  学号
    -> HAVING  SUM(成绩)>630;
+----------+----------+
| 学号     | 总成绩   |
+----------+----------+
| 20200101 |   645.00 |
| 20200103 |   683.00 |
| 20200105 |   661.00 |
| 20200203 |   631.00 |
| 20200204 |   728.00 |
| 20200304 |   631.00 |
+----------+----------+
6 rows in set (0.00 sec)
```

图 2-53　总成绩高于 630 分的学生的学号

2.6.6　ORDER BY 子句

ORDER BY 子句是一个用于排序的子句，排序方式有两种，一种是升序 ASC，另一种是降序 DESC，如果不指定排序方式，则默认是升序。语法格式如下。

```
ORDER   BY   列名|表达式|列编号   [ASC|DESC]
```

【例 2-52】请查询“成绩表”中学生总成绩高于 630 分的学生的学号和总成绩，并将总成绩按照降序排序。

```
SELECT   学号,SUM(成绩)   AS   总成绩
FROM   成绩表
GROUP   BY   学号
HAVING   SUM(成绩)>630
ORDER   BY   SUM(成绩) DESC;
```

执行结果如图 2-54 所示。

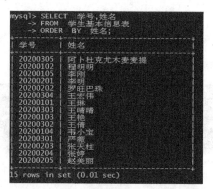

图 2-54 总成绩降序排序

注意
　　本例中的排序语句也可写为 ORDER BY 总成绩 DESC，**也可以使用别名。**

【例 2-53】请查询"学生基本信息表"中的学号和姓名，并依据姓氏汉语拼音首字母从 a~z
进行升序排序。

```
SELECT   学号,姓名
FROM   学生基本信息表
ORDER  BY  姓名;
```

执行结果如图 2-55 所示。

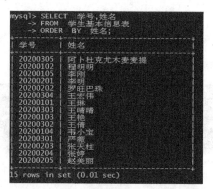

图 2-55 姓氏汉语拼音首字母升序排序

注意
　　本例中的排序语句也可详细写为 ORDER BY 姓名 ASC，**但是缺省排序方式的情况下默认
为升序，所以当为升序排序时直接省略 ASC。**

2.6.7 LIMIT 子句

　　在查询记录时，我们有时只需要看前几条或中间部分的记录，这时就用到了 LIMIT 子句。它位
于查询语句的最后，语法格式如下。

```
LIMIT  行数      /*前几行记录*/
```

或

```
LIMIT  A,B       /*从 A-1 行开始的 B 行记录*/
```

> **注意**
>
> 初始行的偏移量为 0，所以从第 5 行开始的 8 行应表示为 LIMIT 4,8。

【例 2-54】请查询“课程信息表”中的前 3 行记录。

```
SELECT *
FROM  课程信息表
LIMIT  3;
```

执行结果如图 2-56 所示。

```
mysql> SELECT *
    -> FROM  课程信息表
    -> LIMIT  3;
+--------+--------------------------+----------+------+------+
| 课程号 | 课程名                   | 开课学期 | 学时 | 学分 |
+--------+--------------------------+----------+------+------+
| 101    | 思想道德修养与法律基础   |        1 | 48   |    3 |
| 102    | 大学语文                 |        2 | 32   |    2 |
| 103    | 实用英语                 |        2 | 32   |    2 |
+--------+--------------------------+----------+------+------+
3 rows in set (0.00 sec)
```

图 2-56　显示前 3 行记录

【例 2-55】请查询“课程信息表”中的第 2 行记录。

```
SELECT *
FROM  课程信息表
LIMIT  1,1;
```

执行结果如图 2-57 所示。

```
mysql> SELECT *
    -> FROM  课程信息表
    -> LIMIT  1,1;
+--------+----------+----------+------+------+
| 课程号 | 课程名   | 开课学期 | 学时 | 学分 |
+--------+----------+----------+------+------+
| 102    | 大学语文 |        2 | 32   |    2 |
+--------+----------+----------+------+------+
1 row in set (0.00 sec)
```

图 2-57　显示第 2 行记录

2.6.8　UNION 操作

UNION 操作符用于合并两个及两个以上的 SELECT 语句的结果集，实现联合查询，语法格式如下。

```
SELECT  语句
UNION [ALL|DISTINCT]
SELECT  语句
…
```

【例 2-56】请联合查询“课程信息表”和“成绩表”中的课程号。

第一步：查询课程信息表中的课程号。

```
SELECT  课程号  FROM  课程信息表;
```

执行结果如图 2-58 所示。

图 2-58 查询课程信息表中的课程号

第二步：查询成绩表中的课程号。

SELECT 课程号 FROM 成绩表;

执行结果如图 2-59 所示。

图 2-59 查询成绩表中的课程号

上图仅截取了部分查询数据。

第三步：联合查询。

SELECT 课程号 FROM 课程信息表
UNION
SELECT 课程号 FROM 成绩表;

执行结果如图 2-60 所示。

图 2-60 联合查询结果

从查询结果中可以看出，结果集并不是把所有的结果集直接合并在一起，而是消除了重复值，此时的 UNION 也可写为 UNION DISTINCT。如果改为使用 UNION ALL，则不消除重复值。

2.6.9 多表查询

多表查询指从两个或两个以上的表中查询记录。前面所学的查询子句都可使用，在这里，我们主要是解决把多个表连接到一起的问题。

表与表的连接可分为内连接和外连接，而外连接又分左外连接、右外连接和全外连接。

1. 内连接

内连接查询指所有查询的结果都能够在连接的表中有对应记录，默认情况下是内连接，所以可省略 INNER。

语法格式如下。

```
SELECT   子句
FROM   表1 [INNER] JOIN 表2
[ON   表1.字段=表2.字段|USING(字段)]
```

或

```
SELECT   子句
FROM   表1,表2...
WHERE   表1.字段=表2.字段 AND 表2.字段=...
```

【例 2-57】请查询"课程信息表"和"成绩表"中课程号为"101"的课程名和对应的成绩。

```
SELECT   课程名,成绩
FROM   课程信息表 JOIN 成绩表 ON   课程信息表.课程号=成绩表.课程号
WHERE   课程信息表.课程号='101';
```

执行结果如图 2-61 所示。

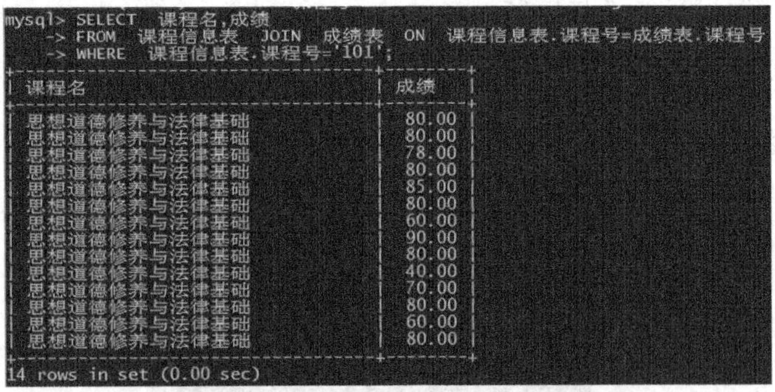

图 2-61　从两个表中查询课程名和对应的成绩

查询语句还可以写成如下两种形式。

```
SELECT   课程名,成绩
FROM   课程信息表 JOIN 成绩表 USING (课程号)
```

```
WHERE  课程信息表.课程号='101';

SELECT  课程名,成绩
FROM  课程信息表,成绩表
WHERE  课程信息表.课程号=成绩表.课程号 AND 课程信息表.课程号='101';
```

以上 3 种查询语句得到的查询结果都是一样的。

> **注意** 因为多表查询中会有相同的字段，所以在语句中要使用"表名.字段名"准确表达具体指的是哪个表和字段，还可以用"表名 AS 别名"来给表名定义别名来以简化语句，如下。
>
> ```
> SELECT  课程名,成绩
> FROM  课程信息表 AS  A  JOIN  成绩表  AS B  ON  A.课程号=B.课程号
> WHERE  A.课程号='101';
> ```
>
> 或
>
> ```
> SELECT  课程名,成绩
> FROM  课程信息表 AS A JOIN  成绩表  AS B USING (课程号)
> WHERE  A.课程号='101';
> ```
>
> 或
>
> ```
> SELECT  课程名,成绩
> FROM  课程信息表 AS  A,成绩表  AS B
> WHERE  A.课程号=B.课程号 AND A.课程号='101';
> ```

2. 外连接

（1）左外连接（LEFT OUTER JOIN）：指以左边的表的数据为基准去匹配右边的表，如果可以匹配，就显示数据；如果无法匹配，要用 NULL 来填充数据。

（2）右外连接（RIGHT OUTER JOIN）：指以右边的表的数据为基准去匹配左边的表，如果可以匹配，就显示数据；如果无法匹配，要用 NULL 来填充数据。

（3）全外连接（FULL OUTER JOIN）：左、右两边表的数据不管是否能匹配，都会显示，无法匹配的用 NULL 来填充数据。

假设有如下两个表（表 1 和表 2）。

表 1

列 A	列 B
1	张三
2	李四
3	王五

表 2

列 C	列 D	列 E
1	数据库	80
2	C 语言	90

将表 1 左外连接表 2，语法格式如下。

```
SELECT  *
FROM  表1 LEFT  OUTER  JOIN  表2
ON  表 1.列 A=表2.列 C;
```

得到的查询结果将是表 3 所示的内容。

表3

列A	列B	列C	列D	列E
1	张三	1	数据库	80
2	李四	2	C语言	90
3	王五	NULL	NULL	NULL

将表1右外连接表2，语法格式如下。

```
SELECT  *
FROM  表1  RIGHT  OUTER  JOIN  表2
ON  表1.列A=表2.列C;
```

得到的查询结果将是表4所示的内容。

表4

列A	列B	列C	列D	列E
1	张三	1	数据库	80
2	李四	2	C语言	90

将表1全外连接表2，语法格式如下。

```
SELECT  *
FROM  表1  FULL  JOIN  表2;
```

得到的查询结果将是表5的内容。

表5

列A	列B	列C	列D	列E
1	张三	1	数据库	80
2	李四	1	数据库	80
3	王五	1	数据库	80
1	张三	2	C语言	90
2	李四	2	C语言	90
3	王五	2	C语言	90

在查询应用中，左外连接和右外连接的应用相对较多。

【例2-58】请将"课程信息表"左外连接"成绩表"，把成绩高于90分的课程名和成绩显示出来。

```
SELECT  课程名,成绩
FROM  课程信息表 AS A LEFT OUTER JOIN 成绩表 AS B
ON  A.课程号=B.课程号
WHERE  成绩>90;
```

执行结果如图2-62所示。

```
mysql> SELECT  课程名,成绩
    -> FROM  课程信息表 AS  A LEFT OUTER  JOIN  成绩表  AS  B
    -> ON  A.课程号=B.课程号
    -> WHERE  成绩>90;
| 课程名        | 成绩   |
| PHP程序设计   | 95.00 |
| 大学语文      | 97.00 |
| 实用英语      | 98.00 |
3 rows in set (0.01 sec)
```

图 2-62　左外连接

2.6.10　嵌套查询

在查询应用中，有时我们的查询需要有优先顺序，先通过一个查询语句得到一个或一组结果，然后以这个结果为条件，再进行查询，这种查询就是嵌套查询。

1. 比较

在进行比较操作时，前面所学的比较运算符都可使用，具体语法如下。

比较运算符{ALL|SOME|ANY}　　（子查询语句）

如果子查询语句只返回一行数据，可以通过比较运算符直接进行比较，但如果返回多行数据，需要用 ALL|SOME|ANY 来限定。其中，ALL 的作用是与子查询结果中的每个值进行比较，当每个值都满足比较的关系时，才有返回值；如果有任何值不满足比较关系，则没有返回值。SOME 或 ANY 的作用是在与子查询结果中的值进行比较时，只要有某个值满足比较的关系，就会有返回值。

【例 2-59】请查询选修了课程号"101"的学生的学号、姓名、专业名称。

第一步：从"成绩表"中查询选修了课程号"101"的学生学号。

```
SELECT  学号
FROM  成绩表
WHERE  课程号='101';
```

执行结果如图 2-63 所示。

```
mysql> SELECT 学号
    -> FROM  成绩表
    -> WHERE  课程号='101';
| 学号      |
| 20200101 |
| 20200103 |
| 20200104 |
| 20200105 |
| 20200201 |
| 20200202 |
| 20200203 |
| 20200204 |
| 20200205 |
| 20200301 |
| 20200302 |
| 20200303 |
| 20200304 |
| 20200305 |
14 rows in set (0.00 sec)
```

图 2-63　在"成绩表"中查询选修了课程号"101"的学生学号

第二步：从"学生基本信息表"中查询上一步查询到的学号的信息。

```
SELECT 学号,姓名,专业名称
FROM  学生基本信息表
```

```
WHERE   学号=ANY
(
SELECT  学号
FROM   成绩表
WHERE   课程号='101'
);
```

执行结果如图 2-64 所示。

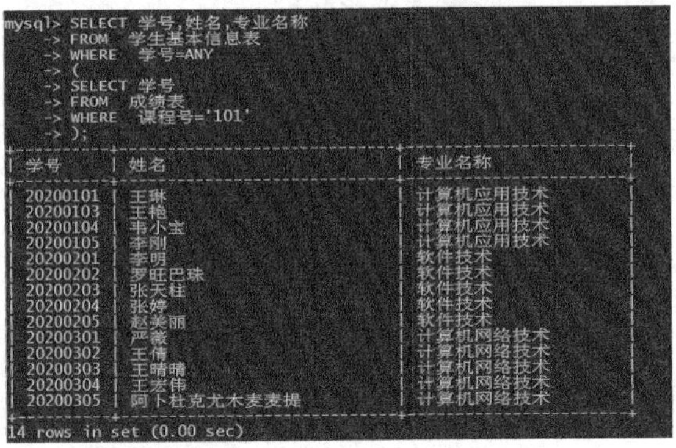

图 2-64　在"学生基本信息表"中查询信息

此时，如果使用 SOME，将获得相同的查询结果，但如果使用 ALL，将查询不到任何数据。

【例 2-60】请查询"成绩表"中所有比学号为"2020010"并选修"307"课程所得成绩高的学生的信息。

第一步：查询学号为"2020010"的学生，并选修"307"课程对应的成绩。

```
SELECT  成绩
FROM   成绩表
WHERE   课程号='307' AND  学号='20200103';
```

执行结果如图 2-65 所示。

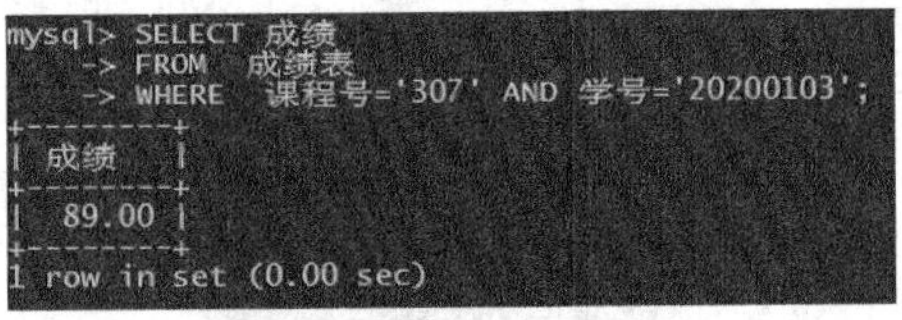

图 2-65　查询成绩

第二步：查询高于所查成绩的学生信息。

```
SELECT  *
FROM   成绩表
WHERE   成绩>ALL
(SELECT  成绩
FROM   成绩表
WHERE   课程号='307' AND  学号='20200103');
```

执行结果如图 2-66 所示。

```
mysql> SELECT *
    -> FROM   成绩表
    -> WHERE  成绩>ALL
    -> (SELECT 成绩
    -> FROM   成绩表
    -> WHERE  课程号='307' AND 学号='20200103');
```

学号	课程号	成绩	学分
20200101	103	90.00	2
20200102	202	90.00	4
20200103	301	90.00	4
20200103	306	95.00	4
20200105	301	90.00	4
20200204	101	90.00	3
20200204	102	97.00	2
20200204	103	98.00	2
20200204	305	90.00	4
20200204	308	90.00	4
20200304	202	90.00	4
20200305	304	90.00	4

12 rows in set (0.00 sec)

图 2-66　高于所查成绩的学生信息

2. IN

在子查询中，当返回结果是多个时，应使用 IN。

【例 2-61】请查询选修了课程 "308" 的学生的学号、姓名、专业名称。

第一步：查询成绩表中选修了课程号 "308" 的学生的字号。

```
SELECT 学号
FROM   成绩表
WHERE  课程号='308';
```

第二步：查询成绩表中满足上一步查询到的学号的学生信息。

```
SELECT 学号,姓名,专业名称
FROM   学生基本信息表
WHERE  学号 IN
(SELECT 学号
FROM   成绩表
WHERE  课程号='308');
```

执行结果如图 2-67 所示。

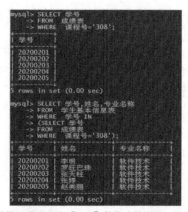

图 2-67　选修了课程号为 "308" 的学生的学号、姓名、专业名称

 注意　如果题目的要求是请查询没有选修课程号为 "308" 的学生的学号、姓名、专业名称，那么只需把 IN 改为 NOT IN 即可。

3. EXISTS

在嵌套查询中，如果子查询的返回结果不为空，EXISTS 就为真；NOT EXISTS 与 EXISTS 正好相反。

【例 2-62】请查询"成绩表"中成绩高于 95 分的学生的姓名。

```
SELECT   姓名
FROM    学生基本信息表
WHERE   EXISTS
(SELECT *
FROM    成绩表
WHERE   学号=学生基本信息表.学号  AND  成绩>95);
```

执行结果如图 2-68 所示。

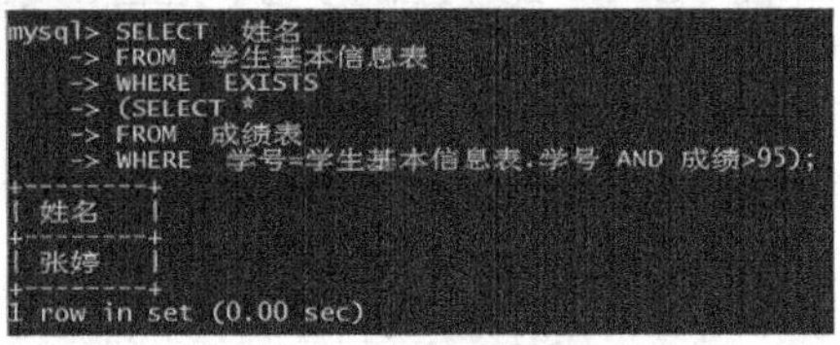

图 2-68 "成绩表"中成绩高于 95 分的学生的姓名

> **注意**　本例"WHERE 学号=学生基本信息表.学号"的实现意义是，内层"成绩表"的学号要与外层"学生基本信息表"进行比较，如果外层有这个学号并且内层成绩高于 95 分，条件为真，就返回姓名。

2.7　Navicat for MySQL 的使用

2.7.1　Navicat for MySQL 中数据库的操作

在 Navicat for MySQL 中，用鼠标右键单击"连接名"，选中"新建数据库"可实现数据库的新建，如图 2-69 所示。对已经创建的数据库可实现数据库的更名、删除等操作。

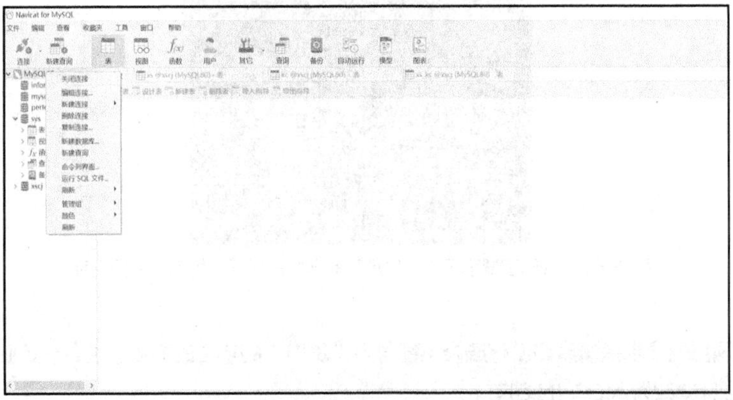

图 2-69　Navicat for MySQL 中数据库的创建

2.7.2　Navicat for MySQL 中数据表的操作

在 Navicat for MySQL 中，用鼠标右键单击"表"，可实现数据表结构的搭建，如图 2-70 和图 2-71 所示。

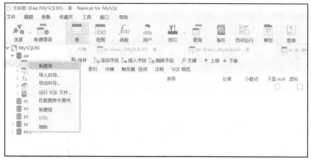

图 2-70　Navicat for MySQL 中数据表的创建（1）

图 2-71　Navicat for MySQL 中数据表的创建（2）

2.7.3　Navicat for MySQL 中数据表记录的"增删改查"操作

数据表结构创建成功后，可以实现记录的增加、删除、修改、查询，也可以对 MySQL 中已创建数据表进行相关操作。例如，在 Navicat for MySQL 中单击"新建查询"按钮可以实现查询的相关操作，如图 2-72 所示。Navicat for MySQL 界面简单，容易操作，具体不再赘述。

图 2-72　Navicat for MySQL 中数据表记录的查询

2.8　本章小结

本章内容较多且比较重要，读者不但要掌握数据库与数据表的创建，而且要掌握数据库与数据表的管理，同时，要掌握在 MySQL 和 Navicat for MySQL 中灵活运用"增、删、改、查"的语句进行数据表内容的相关操作。

2.9　本章习题

一、选择题

1. 查看数据库中所有的数据表可以使用以下哪个语句。（　　）
   A．SHOW TABLES;　　　　　　　　　B．SHOW TABLE;
   C．SHOW DATABASES;　　　　　　　D．SHOW DATABASE

2. 选择要执行操作的数据库，应该使用哪个命令？（　　）
   A．USE　　　　　　B．GO　　　　　　C．EXEC　　　　　　D．DB

3. 以下选项中，哪个是删除数据库的命令？（　　）
   A．DROP DATABASE　　　　　　　B．DELETE DATABASE
   C．CHANGE DATABASE　　　　　　D．MANAGE DATABASE

4. 以下选项中，哪个是创建数据库的命令？（　　）
   A．CREATE DATABASE　　　　　　B．DROP DATABASE
   C．ALTER DATABASE　　　　　　　D．RENAME DATABASE

5. 在 SELECT 语句中，使用关键字（　　）可以把重复行屏蔽。
   A．DISTINCT　　　　B．TOP　　　　C．ALL　　　　　　D．UNION

6. 组合多条 SQL 查询语句形成组合查询的操作符是（　　）。
   A．SELECT　　　　　B．UNION　　　C．ALL　　　　　　D．LINK

7. 以下哪项用来排序？（　　）
   A．ORDERED BY　　　　　　　　　B．ORDER BY
   C．GROUP BY　　　　　　　　　　D．GROUPED BY

8. 条件"年龄 BETWEEN 15 AND 35"表示年龄在 15～35 岁，且（　　）。
   A．不包括 15 岁和 35 岁　　　　　　B．包括 15 岁和 35 岁
   C．包括 35 岁但不包括 15 岁　　　　D．包括 15 岁但不包括 35 岁

9. 对 SELECT ＊ FROM CITY LIMIT 5,10;语句描述正确的是（　　）。
   A．获取第 5 条到第 10 条记录　　　　B．获取第 6 条开始的 10 条记录
   C．获取第 6 条到第 15 条记录　　　　D．获取第 5 条到第 15 条记录

10. 以下选项中，聚合函数求数据总和的是（　　）。
    A．MAX　　　　　　B．SUM　　　　C．COUNT　　　　　D．AVG

11. 下面对于 HAVING 子句的描述正确的是（　　）。
    A．HAVING 子句可以放在查询语句中的任何位置上
    B．HAVING 子句可以代替 WHERE 子句

C. HAVING 子句只能用在分组查询中

D. 在所有的查询语句中都可以使用 HAVING 子句

12. 在 SQL 语言中，子查询是（　　　　）。

　　A. 选取多表中字段子集的查询语句

　　B. 返回单表中数据子集的查询语言

　　C. 嵌入另一个查询语句之中的查询语句

　　D. 选取单表中字段子集的查询语句

13. 下列不属于连接种类的是（　　　　）。

　　A. 右外连接　　　　B. 左外连接　　　　C. 中间连接　　　　D. 内连接

二、操作题

1. 请创建一个名为"YGGL"的数据库，采用字符集 GB2312 和校对规则 GB2312_CHINESE_CI。

2. 打开已创建的 YGGL 数据库。

3. 请为 YGGL 数据库创建如下 3 个数据表，如表 2-10～表 2-12 所示。

表 2-10　　　　　　　　　　　　　　员工基本信息

字段名	字段类型	是否为空	备注
员工编号	Char(4)	Not null	主键
姓名	Char(10)	Not null	
性别	Char(2)	Not null	
出生日期	date	Not null	
学历	Char(6)	Not null	
工作年限	tinyint	Null	
家庭住址	Varchar(30)	Null	
联系方式	Char(11)	Not null	

表 2-11　　　　　　　　　　　　　　部门信息

字段名	字段类型	是否为空	备注
部门编号	Char(3)	Not null	主键
部门名称	varchar(30)	Not null	

表 2-12　　　　　　　　　　　　　　员工薪水

字段名	字段类型	是否为空	备注
员工编号	Char(4)	Not null	主键
部门编号	Char(3)	Not null	主键
收入	Float(8,2)	Not null	
扣除	Float(8,2)	Not null	

4. 请将员工基本信息表中姓名列的字段类型改为 VARCHAR(30)。

5. 请向员工薪水表中添加一列"实际收入 FLOAT(8,2) NULL"。

6. 请删除员工薪水表的"实际收入"列。

7. 请向这 3 个表输入信息，具体信息如表 2-13～表 2-15 所示。

表 2-13　　　　　　　　　　员工基本信息

员工编号	姓名	性别	出生日期	学历	工作年限	家庭住址	联系方式
0001	张敏	女	1985-01-01	本科	12	山东省济南市	12345678901
0002	王明	男	1988-02-02	本科	5	山西省太原市	23456789012
0003	李成	男	1990-03-03	研究生	10	吉林省长春市	34567890123
0004	赵红梅	女	1988-09-09	研究生	8	江苏省南京市	45678901234
0005	刘刚	男	1990-10-10	研究生	6	山东省青岛市	56789012345
0006	张晓红	女	1976-11-11	本科	20	湖南省长沙市	67890123456

表 2-14　　　　　　　　　　部门信息

部门编号	部门名称
001	工程部
002	人事部
003	财务部

表 2-15　　　　　　　　　　员工薪水

员工编号	部门编号	收入	扣除
0001	001	7777.7	100.1
0002	001	4444.4	200.2
0003	001	7777.7	300.3
0004	002	6666.6	400.4
0005	002	5555.5	500.5
0006	003	8888.8	600.6

8. 请查询员工基本信息表中的所有信息。

9. 请查询员工基本信息表中的姓名、性别、联系方式。

10. 请查询员工基本信息表中的学历（消除学历的重复值）种类。

11. 请查询员工薪水表中的员工编号和收入，并对收入进行替换，当收入大于 7000（元）时，替换为"薪水还不错"，当收入大于 5000（元）且小于或等于 7000（元）时，替换为"继续努力"，反之，替换为"加油呀"，将列标题改为"收入提示"。

12. 请查询学历是"研究生"且性别是"女"的员工的姓名。

13. 请查询工作年限大于或等于 6 且小于或等于 10 的员工的姓名。

14. 请查询家庭住址中含有"长"的员工的姓名和家庭住址。

15. 请查询姓氏是"张"的员工的姓名和学历。

16. 请分组查询各种学历分别对应的人数。

17. 请分组查询各个部门的人数。

18. 请查询员工的平均收入。

19. 请查询每个员工的薪水（收入–扣除），并降序排列。

20. 请查询姓名、部门名称、薪水（收入–扣除）。

21. 请使用嵌套查询姓名是"李成"的员工的薪水（收入–扣除）。

22. 请将"张敏"的学历改为"研究生"。

23. 请将所有人的收入上浮 20%。

24. 请查看员工基本信息表的表结构。

25. 请将员工薪水表的所有内容复制到"新员工薪水表"。

26. 请查看 YGGL 数据库中存在的表。

27. 请删除"新员工薪水表"。

28. 请再次查看 YGGL 数据库中存在的表，确认"新员工薪水表"是否被删除。

第 3 章
视图与索引

▶ **内容导学**

本章主要学习视图的实现意义，包括视图的创建、修改、查询与删除；本章还涉及索引简介、索引的分类及创建、查看和删除。

▶ **学习目标**

① 了解视图的实现意义。

② 掌握视图的创建、管理与应用。

③ 了解索引的实现意义和分类。

④ 掌握索引的创建与管理。

3.1 视图

视图是原始数据库数据的一种变换，是查看表中数据的另外一种方式。例如，我们创建的 XSCJ 数据库，学生的相关信息都存储在一个或多个基本表中。学校不同职能部门关于学生信息的关注点是不同的；教学管理部门关注的是学生的课程成绩，学生管理部门关心的是学生的家庭住址、联系方式等，于是我们就可以根据不同需求，在数据库上定义不同群体对数据库所要求的结构，这种根据用户观点所定义的数据结构就是视图。

3.1.1 视图简介

1. 视图概念

视图是一个虚拟表，它是从一个或多个基本表中派生出来的数据对象。其本质是根据 SQL 语句获取动态的数据集，并为其命名，用户只需使用名称即可获取结果集，并可以将其当作表来使用。例如，学生管理部门经常查询学生的姓名、家庭住址、联系方式这 3 项信息，通过执行 SQL 语句获得的结果如图 3-1 所示。如果每次查询都要编写一次 SQL 语句，会非常烦琐，因此，我们可以把它创建为视图"V_JBXX"。当要再次查看这些信息时，只需像查询表那样去查询视图即可，执行结果如图 3-2 所示。

综上，我们可以看出，视图的创建与使用是非常有必要的。那么视图有哪些优点呢？

2. 视图的优点

视图定义后，就可以像数据表一样进行查询、修改、删除和更新。视图有以下几个优点。

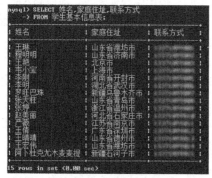

图 3-1　查询界面

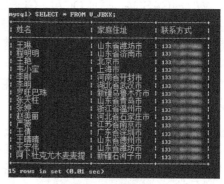

图 3-2　视图应用

（1）为用户定制数据

根据用户需要，使用视图可以筛选出有用数据，屏蔽无关数据，这样就实现了定制特定数据。

（2）简化数据操作

用户在使用查询语句时，需要关联到其他表、使用嵌套等，这时编写的语句会比较长，如果这些动作频繁发生，我们就可以通过创建视图来简化数据操作。

（3）作为安全机制

用户可以通过设置视图，使特定的用户只能查看或修改他们权限内的数据，不能对其他的数据库或数据表进行操作，从而保证数据的安全性。

（4）合并及分割数据

有时由于表中的数据量太大，需要对表进行拆分，这样会导致表的结构发生变化，导致用户的应用程序受到影响。这时可以使用视图来屏蔽实体表间的逻辑关系，去构建应用程序所需要的原始表关系。

（5）数据的导入/导出

在实际项目中，经常会使用视图来进行组织和导入/导出操作，十分方便。

3.1.2　视图操作

1. 创建视图

创建视图的语法格式如下。

```
CREATE [OR REPLACE] VIEW 视图名 [列名列表]
AS
SELECT 语句
[WITH[CASCADED|LOCAL]CHECK OPTION]
```

语法说明如下。

• OR REPLACE：如果新建的视图名已经存在，它能够起到替换原有视图的作用。

• 视图名：视图的名称。该名称在数据库中是唯一的，不能与其他表或视图同名。

• 列名列表：若想给视图的列定义别名，可使用[列名列表]子句列出由逗号隔开的列名，需要注意的是，数目必须等于 SELECT 语句检索的列数。如果不需定义别名，则此子句可忽略。

• SELECT 语句：用来创建视图。

- WITH[CASCADED|LOCAL] CHECK OPTION：指出修改视图时，检查插入的数据是否符合 WHERE 设置的条件，LOCAL 关键字只对定义的视图进行检查，CASCADED 关键字则会对所有视图进行检查。如果未指定任一关键字，默认为 CASCADED。

（1）创建基于单表的视图

【例 3-1】在 XSCJ 数据库中创建每门课程平均成绩的视图"V_AVG"，要对平均成绩进行四舍五入，语法如下。

```
CREATE VIEW V_AVG
AS
SELECT 课程号,ROUND(AVG(成绩)) AS 平均成绩
FROM 成绩表
GROUP BY 课程号;
```

（2）创建基于多表的视图

【例 3-2】在 XSCJ 数据库中创建专业名称是"计算机应用技术"的学生的姓名、课程名、成绩的视图"V_YYCJ"；要保证对该视图的修改符合"计算机应用技术"这个条件。

① 根据要查询的信息，建立多表查询，语法如下。

```
SELECT 姓名,课程名,成绩
FROM 学生基本信息表,课程信息表,成绩表
WHERE 学生基本信息表.学号=成绩表.学号 AND 成绩表.课程号=课程信息表.课程号
AND 专业名称='计算机应用技术';
```

② 创建视图，语法如下。

```
CREATE VIEW V_YYCJ
AS
SELECT 姓名,课程名,成绩
FROM 学生基本信息表,课程信息表,成绩表
WHERE 学生基本信息表.学号=成绩表.学号 AND 成绩表.课程号=课程信息表.课程号
AND 专业名称='计算机应用技术'
WITH CHECK OPTION;
```

2. 查询视图

视图定义后，就可以像查询数据表一样对视图进行查询。

【例 3-3】查询"V_AVG"视图，语法如下。

```
SELECT * FROM V_AVG;
```

执行结果如图 3-3 所示。

也可以在视图中添加条件，比如，用户查询课程号为"101""201""301"的课程对应的平均成绩，语法如下。

```
SELECT *
FROM V_AVG
WHERE 课程号 IN('101','201','301');
```

执行结果如图 3-4 所示。

图 3-3 视图查询

图 3-4 添加条件的视图查询

3. 修改视图

视图定义后，可以根据客户的需求进行修改，与创建视图的语法相似，具体语法如下。

```
ALTER VIEW 视图名[列名列表]
AS
SELECT 语句
[WITH[CASCADED|LOCAL]CHECK OPTION]
```

【例 3-4】将创建的"V_AVG"（每门课程平均成绩）视图修改为查询每门课程的总成绩，并将总成绩由高到低排序，语法如下。

```
ALTER VIEW V_AVG
AS
SELECT 课程号,ROUND(SUM(成绩)) AS 总成绩
FROM 成绩表
GROUP BY 课程号
ORDER BY 总成绩 DESC;
```

执行结果如图 3-5 所示。

图 3-5 修改视图

4. 删除视图

删除视图的语法格式如下。

```
DROP VIEW [IF EXISTS]
视图 1,[视图 2]…
```

语法说明如下。

- IF EXISTS：如果要删除的视图不存在，添加 IF EXISTS 后，不仅不会出现错误信息，还会提醒用户视图不存在。
- 视图 1,[视图 2]…：可以用逗号隔开，一次删除多个视图。

【例 3-5】删除视图“V_YYCJ”和“V_AVG”。

```
DROP VIEW IF EXISTS   V_YYCJ,V_AVG;
```

5. 使用视图插入、修改、删除数据

（1）使用视图插入数据

【例 3-6】在 XSCJ 数据库上创建查看所有信息的视图“V_XSJB”，并通过此视图插入下面这条记录。

```
'20200306','张三','1','2000-10-10','汉族','共青团员','计算机网络技术','山东济南','133********','27',NULL,
NULL。
```

第一步：先创建视图，语法如下。

```
CREATE VIEW V_XSJB
AS
SELECT * FROM  学生基本信息表;
```

第二步：查询视图，执行结果如图 3-6 所示。

mysql> SELECT * FROM V_XSJB;

学号	姓名	性别	出生日期	民族	政治面貌	专业名称	家庭住址	联系方式	总学分	照片	备注
20200101	王琳	1	2001-02-10	汉族	中共党员	计算机应用技术	山东省潍坊市	133********	27	NULL	NULL
20200102	程明明	1	2001-02-01	汉族	共青团员	计算机应用技术	山东省济南市	133********	24	NULL	有一门功课不及格，待补考
20200103	王艳	0	2001-10-06	苗族	共青团员	计算机应用技术	北京市	133********	27	NULL	优秀班干部
20200104	韦小宝	1	2000-08-26	傣族	中共党员	计算机应用技术	上海市	133********	27	NULL	NULL
20200105	李刚	1	2000-11-20	汉族	共青团员	计算机应用技术	河南省开封市	133********	27	NULL	NULL
20200201	李明	1	2001-05-01	汉族	中共预备党员	软件技术	湖北省武汉市	133********	23	NULL	有一门功课不及格，待补考
20200202	罗旺巴珠	1	2001-08-05	藏族	中共党员	软件技术	新疆乌鲁木齐市	133********	27	NULL	NULL
20200203	张天柱	1	2000-08-11	回族	共青团员	软件技术	山东省青岛市	133********	27	NULL	NULL
20200204	张婷	0	2000-07-22	汉族	共青团员	软件技术	浙江省温州市	133********	27	NULL	校级三好学生
20200205	赵美丽	0	2001-03-18	汉族	中共预备党员	软件技术	河北省石家庄市	133********	27	NULL	NULL
20200301	严薇	0	2000-08-11	回族	共青团员	计算机网络技术	江苏省南京市	133********	22	NULL	有两门功课不及格，待补考
20200302	王倩	1	2001-06-10	汉族	共青团员	计算机网络技术	广东省深圳市	133********	27	NULL	NULL
20200303	王晴晴	1	2001-01-29	汉族	中共预备党员	计算机网络技术	山东省德州市	133********	27	NULL	建档立卡
20200304	王宏伟	1	2000-03-26	汉族	中共党员	计算机网络技术	山东省潍坊市	133********	27	NULL	NULL
20200305	阿卜杜克尤木麦麦提	0	2001-02-10	维吾尔族	共青团员	计算机网络技术	新疆石河子市	133********	27	NULL	NULL

15 rows in set (0.00 sec)

图 3-6　查询视图

第三步：插入数据，语法如下。

```
INSERT INTO   V_XSJB
VALUES('20200306','张三','1','2000-10-10','汉族','共青团员','计算机网络技术','山东济南','133********',
'27',NULL,NULL);
```

第四步：查看“学生基本信息表”与视图“V_XSJB”，执行结果如图 3-7 和图 3-8 所示。从图 3-7 和图 3-8 可以看出，通过视图的插入操作可以同时向表和视图中插入记录。

图 3-7　查询"学生基本信息表"记录

图 3-8　查询视图"V_XSJB"记录

> **注意**　使用视图插入数据时，如果视图创建时使用了 WITH CHECK OPTION 子句，WITH CHECK OPTION 子句会在更新数据时检查插入的新数据是否符合视图定义中 WHERE 子句的条件。此外，如果是多表查询的视图，则不能通过视图插入数据，因为会影响多个基本表。

（2）使用视图修改数据

可以使用前面所学的 UPDATE 语句实现修改视图数据。

【例 3-7】将视图"V_XSJB"中"张三"的民族信息修改为"回族"。

```
UPDATE V_XSJB
SET 民族='回族'
WHERE 姓名='张三';
```

查询视图"V_XSJB"和"学生基本信息表"，执行结果如图 3-9 所示。

图 3-9　修改视图后查询结果

通过图 3-9 可以看出，"张三"的民族在学生基本信息表和 V_XSJB 视图中都被改成了"回族"。

> **注意**
> 如果 SELECT 语句是建立在多表上的视图，那么一次修改该视图只能变动一个基本表中的数据，如需修改多个表中的数据，要分步进行，对每个表一一进行修改。

（3）使用视图删除数据

可以使用前面所学的 DELETE 语句实现删除视图数据。

【例 3-8】删除视图"V_XSJB"中"张三"同学的记录。

```
DELETE FROM V_XSJB
WHERE 姓名='张三';
```

查询视图"V_XSJB"和"学生基本信息表"，执行结果如图 3-10 所示。

图 3-10　删除数据后查询结果

通过图 3-10 可以看出，视图"V_XSJB"和"学生基本信息表"中"张三"同学的记录都已被删除。

> **注意**
> 如果是依赖于一个基本表的视图，可以通过 DELETE 语句同时删除视图与基本表中的数据；如果是依赖于多个基本表的视图，则不能使用 DELETE 语句同时删除视图与基本表中的数据。

3.2　索引

当我们从一本厚厚的书中查找信息时，通常情况下，一般会借助目录快速找到大致位置。那么，在庞大的数据库中我们如何快速、准确地定位到信息呢？这个艰巨的任务需要借助索引来完成！索引在数据库中的作用相当于目录在书籍中的作用，帮助用户提高查找信息的速度。

3.2.1　索引简介

MySQL 索引的建立对于 MySQL 的高效运行是至关重要的，索引可以大大提高 MySQL 的检索速度。索引是对数据表中一列或多列值进行排序并生成的一个单独的物理数据结构，指明各个值的行所在的存储位置。当使用索引查找数据时，先从索引对象中获得相关列的存储位置，然后直接去其存储位置查找所需信息，这样就无须对这个表进行扫描，从而可以快速地找到所需数据。

索引一般以文件形式存放在磁盘中，所以它的缺点之一就是会占用磁盘空间。索引的另外一个缺点是会降低更新表的速度。因为当对表进行插入（INSERT）、更新（UPDATE）和删除（DELETE）操作时，MySQL 不仅要保存变化后的数据，还要保存变化后的索引文件，这样就降低了速度。所以并不是索引越多越好，要遵循一定的原则。索引一般会建立在经常被当作查询条件的字段上，经常频繁更新的字段不适合用来创建索引。

3.2.2　索引分类

MySQL 中索引大致分为 5 类，如表 3-1 所示。

表 3-1　　　　　　　　　　　　　　　　　索引的分类

索引类型	特点
普通索引 INDEX	所有字段都可以创建该类索引
唯一索引 UNIQUE	字段值可以为空，但是值不能重复，即具有唯一性的字段可以创建该类索引，效率高于普通索引
主键索引 PRIMARY KEY	字段值不为空并且不会有重复值的字段可以创建该类索引
全文索引 FULLTEXT	针对文本类型
联合索引	针对多个字段联合

3.2.3　创建索引

索引的创建方法有以下 3 种。

1. 创建表时添加索引

语法格式如下。

```
CREATE TABLE 表名
(
字段名　数据类型...
PRIMARY KEY (字段名)              #主键索引
|INDEX [索引名] (字段名)          #普通索引
|UNIQUE [索引名] (字段名)         #唯一索引
|FULLTEXT [索引名] (字段名)       #全文索引
);
```

【例 3-9】请创建"成绩表_COPY"，包含字段：学号 CHAR(8) NOT NULL,课程号 CHAR(3) NOT NULL，成绩 FLOAT(5,2)，学分 INT(3)，学号与课程号作为联合主键，课程号作为普通索引。

```
CREATE TABLE 成绩表_COPY
  (
　学号 CHAR(8) NOT NULL,
　课程号 CHAR(3) NOT NULL,
　成绩 FLOAT(5,2),
　学分 INT(3),
　PRIMARY KEY(学号,课程号),
　INDEX KCH(课程号)
  );
```

2. 修改表时添加索引

语法格式如下。

```
ALTER TABLE  表名
ADD INDEX [索引名] (字段名)
|ADD PRIMARY KEY (字段名)
|ADD UNIQUE [索引名] (字段名)
|ADD FULLTEXT [索引名] (字段名)
```

【例 3-10】修改"课程信息表",将课程名设置为 UNIQUE 索引。

```
ALTER TABLE  课程信息表
ADD UNIQUE(课程名);
```

3. 使用语句添加索引

语法格式如下。

```
CREATE  索引类型  INDEX  索引名
ON  表名(字段 1[长度] [ASC|DESC], 字段 2[长度] [ASC|DESC]...)
```

长度:表示使用列的前多少个字符。

【例 3-11】请为"学生基本信息表"中家庭住址列的前 5 个字符建立一个降序索引 ADD_XSJB。

```
CREATE INDEX ADD_XSJB
ON  学生基本信息表(家庭住址(5) DESC);
```

执行结果如图 3-11 所示。

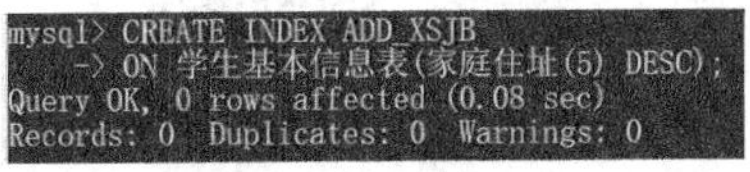

```
mysql> CREATE INDEX ADD_XSJB
    -> ON 学生基本信息表(家庭住址(5) DESC);
Query OK, 0 rows affected (0.08 sec)
Records: 0  Duplicates: 0  Warnings: 0
```

图 3-11   创建索引(1)

【例 3-12】请为"学生基本信息表"中的"姓名"和"专业名称"创建联合索引 NAME_XSJB。

```
CREATE INDEX NAME_XSJB
ON  学生基本信息表(姓名,专业名称);
```

执行结果如图 3-12 所示。

```
mysql> CREATE INDEX NAME_XSJB
    -> ON 学生基本信息表(姓名,专业名称);
Query OK, 0 rows affected (0.06 sec)
Records: 0  Duplicates: 0  Warnings: 0
```

图 3-12   创建索引(2)

3.2.4   查看索引

语法格式如下。

```
SHOW INDEX FROM 表名
```

【例 3-13】请查看“学生基本信息表”中存在的索引。

```
SHOW INDEX FROM 学生基本信息表;
```

执行结果如图 3-13 所示。

mysql> SHOW INDEX FROM 学生基本信息表;

Table	Non_unique	Key_name	Seq_in_index	Column_name	Collation	Cardinality	Sub_part	Packed	Null	Index_type	Comment	Index_comment	Visible	Expression
学生基本信息表	0	PRIMARY	1	学号	A	15	NULL	NULL		BTREE			YES	NULL
学生基本信息表	1	ADD_XSJB	1	家庭住址	D	14	5	NULL	YES	BTREE			YES	NULL
学生基本信息表	1	NAME_XSJB	1	姓名	A	15	NULL	NULL		BTREE			YES	NULL
学生基本信息表	1	NAME_XSJB	2	专业名称	A	15	NULL	NULL	YES	BTREE			YES	NULL

4 rows in set (0.00 sec)

图 3-13　查看索引

3.2.5　删除索引

当不需要索引时，就可以将它删除。删除索引的方法有以下两种。

1. 直接删除索引

语法格式如下。

```
DROP INDEX 索引名 ON 表名
```

【例 3-14】请删除“学生基本信息表”中的联合索引 NAME_XSJB。

```
DROP INDEX NAME_XSJB ON 学生基本信息表;
```

2. 使用更改表删除索引

语法格式如下。

```
ALTER TABLE 表名
|DROP PRIMARY KEY
|DROP INDEX 索引名
```

【例 3-15】请删除“成绩表_COPY”中的索引 KCH 和主键索引，并查看是否删除。

```
ALTER TABLE 成绩表_COPY
DROP PRIMARY KEY
DROP INDEX KCH;
```

执行结果如图 3-14 所示。

mysql> SHOW INDEX FROM 成绩表_COPY;

Table	Non_unique	Key_name	Seq_in_index	Column_name	Collation	Cardinality	Sub_part	Packed	Null	Index_type	Comment	Index_comment	Visible	Expression
成绩表_copy	0	PRIMARY	1	学号	A	0	NULL	NULL		BTREE			YES	NULL
成绩表_copy	0	PRIMARY	2	课程号	A	0	NULL	NULL		BTREE			YES	NULL
成绩表_copy	1	KCH	1	课程号	A	0	NULL	NULL		BTREE			YES	NULL

```
3 rows in set (0.03 sec)

mysql>
mysql>
mysql> ALTER TABLE 成绩表_COPY
    -> DROP PRIMARY KEY,
    -> DROP INDEX KCH;
Query OK, 0 rows affected (0.05 sec)
Records: 0  Duplicates: 0  Warnings: 0

mysql>
mysql> SHOW INDEX FROM 成绩表_COPY;
Empty set (0.00 sec)
```

图 3-14　删除索引

通过查询结果可以看出，索引已被成功删除。

> **注意** 该列为索引的一部分，它将从索引中被删除；如果组成索引的所有列都被删除，那么索引也将不复存在。

3.3 本章小结

视图与索引虽然较容易理解，但是它们在数据库中的应用是广泛而深入的，希望读者在学习了本章之后能有深刻的认知并熟练掌握相关应用。

3.4 本章习题

一、选择题

1. 创建视图的命令是（　　　）。
   A．CREATE VIEW　　　　　　　　B．ALTER VIEW
   C．ALTER TABLE　　　　　　　　 D．CREATE TABLE

2. 在视图上不能完成的操作是（　　　）。
   A．更新视图数据　　　　　　　　B．在视图上定义新的基本表
   C．在视图上定义新的视图　　　　D．查询

3. 在 SQL 语句中，删除一个视图的命令是（　　　）。
   A．CLEAR　　　　　　　　　　　B．DELETE
   C．DROP　　　　　　　　　　　　D．REMOVE

4. 关于视图下列说法错误的是（　　　）。
   A．视图也可由视图派生出来　　　B．视图是一种虚拟表
   C．视图中也存有数据　　　　　　D．视图是根据 SQL 语句获取动态的数据集

5. 使用 CREATE VIEW 创建视图时，如果给定了（　　　）子句，则能替换已有的视图。
   A．REPLACE ALL　　　　　　　　B．ALL REPLACE
   C．REPLACE　　　　　　　　　　D．OR REPLACE

6. 视图是一个"虚拟表"，视图的构造基于（　　　）。
   A．基本表　　　　B．视图　　　　C．索引　　　　　D．触发器

7. UNIQUE（唯一索引）的作用是（　　　）。
   A．保证各行在该索引上的值都不为 NULL
   B．保证各行在该索引上的值都不重复
   C．保证参加唯一索引的各列，不再参加其他的索引
   D．保证唯一索引不被删除

8. 创建索引是为了（　　　）。
   A．节约空间　　　　　　　　　　B．减少 I/O
   C．提高存取速度　　　　　　　　D．减少缓冲区个数

9. 为数据表创建索引的目的是（　　）。

   A. 归类　　　　　　　　　　　　　B. 创建唯一索引

   C. 创建主键　　　　　　　　　　　D. 提高查询的检索性能

二、简答题

1. 视图的实现意义是什么？

2. 索引有哪几类？

三、操作题

1. 创建一个名为 V_YGJB 的视图，包含员工的姓名、性别、联系方式。

2. 查询视图 V_YGJB。

3. 修改视图 V_YGJB，包含员工编号、姓名、性别、学历、联系方式。

4. 删除视图 V_YGJB。

5. 为"员工基本信息表"中的姓名列添加一个名为 NAME_YGJB 的普通索引。

6. 查看"员工基本信息表"中的索引。

7. 删除索引 NAME_YGJB。

第4章
存储过程、流程控制语句、函数和触发器

▶ 内容导学

　　本章主要学习存储过程的创建、调用、查询和删除，流程控制语句中 IF、CASE、WHILE、REPEAT、LEAVE 和 LOOP 的用法，系统函数与自定义函数的使用，触发器的用途及它的创建、查看和删除。

▶ 学习目标

① 掌握存储过程的创建、查询、修改和删除方法。

② 掌握流程控制语句 IF、CASE、WHILE、REPEAT、LEAVE 和 LOOP 的用法。

③ 了解系统函数和自定义函数的使用方法。

④ 掌握触发器的创建、查询、修改和删除方法。

4.1　存储过程

　　存储过程（Stored Procedure）是一组为了实现特定功能的 SQL 语句集合，是一段程序，作为数据库的对象之一存储在数据库中。存储过程就是将常用的或复杂的工作预先用 SQL 语句编写好并用一个指定名称存储起来，这个过程经编译和优化后存储在数据库服务器中。当以后需要数据库提供与已定义好的存储过程的功能相同的服务时，只需调用存储过程即可。

　　存储过程的优缺点如表 4-1 所示。

表 4-1　　　　　　　　　　　　　　　存储过程的优缺点

优点	缺点
在服务器端执行，速度快	性能调校与撰写受限于各种数据库系统
执行一次后，后期可直接从高速缓冲存储器中调用，提高了系统性能	具有定制性，切换数据库系统时，因编程语言不同，需要重新编写存储过程
确保数据库安全	
可封装，隐藏复杂性	
可以接受参数，也可以回传值	

4.1.1　存储过程的创建

　　创建存储过程的语法格式如下。

```
CREATE  PROCEDURE  存储过程名  (IN|OUT|INOUT  参数名称 参数类型,...)
BEGIN
存储过程体
END
```

语法说明如下。

- IN|OUT|INOUT：这 3 个可选参数分别是输入参数、输出参数、输入输出参数。

具体参见表 4-2。

表 4-2   3 个参数说明

参数	说明
IN	作为输入，该参数需调用方传入值
OUT	作为输出，该参数可以作为返回值
INOUT	该参数可作为输入或输出，既需要传入值，又需要返回值

- 存储过程体：调用时执行的语句。

【例 4-1】请创建一个存储过程，实现的功能是从"学生基本信息表"中删除指定的学生姓名的信息。

```
DELIMITER  ##
CREATE  PROCEDURE  DEL_XSJB(IN XM CHAR(8))
BEGIN
DELETE   FROM  学生基本信息表 WHERE  姓名=XM;
END  ##
```

执行结果如图 4-1 所示。

图 4-1   存储过程创建成功

> **注意**
> 在MySQL 中执行语句时用分号代表程序执行的结束，但是在存储过程中的 BEGIN 和 END 之间，我们会编写一到多条 SQL 语句，都是以分号结束，但这时并没有真正结束，所以需要使用 DELIMITER 在程序的开端重新定义结束符号。如果在程序开始时输入 DELIMITER ##，就代表整个程序的结束标识是##，我们需要在整个存储过程的末尾处输入##来表示结束，除了"\"不可作为结束标识的符号外，其他都可使用。在后期使用 MySQL 的过程中，如果还是以分号代表结束，可用"DELIMITER ；"实现转换。

【例 4-2】请创建一个存储过程，实现的功能是根据给定的学生姓名，查看"成绩表"中该学生的总成绩和平均成绩（四舍五入）。

```
DELIMITER  ##
CREATE  PROCEDURE  SQL_XSJB(IN XM CHAR(8))
BEGIN
```

```
DECLARE  XH  CHAR(8);
SELECT 学号 INTO XH
FROM  学生基本信息表
WHERE 姓名=XM;
SELECT  SUM(成绩)  AS 总成绩,ROUND(AVG(成绩))  AS 平均成绩
FROM  成绩表
WHERE 学号=XH;
END  ##
```

执行结果如图 4-2 所示。

```
mysql> DELIMITER  ##
mysql> CREATE  PROCEDURE  SQL_XSJB(IN XM CHAR(8))
    -> BEGIN
    -> DECLARE  XH  CHAR(8);
    -> SELECT 学号 INTO XH
    -> FROM  学生基本信息表
    -> WHERE 姓名=XM;
    -> SELECT  SUM(成绩)  AS 总成绩,ROUND(AVG(成绩))  AS 平均成绩
    -> FROM  成绩表
    -> WHERE 学号=XH;
    -> END  ##
Query OK, 0 rows affected (0.01 sec)
```

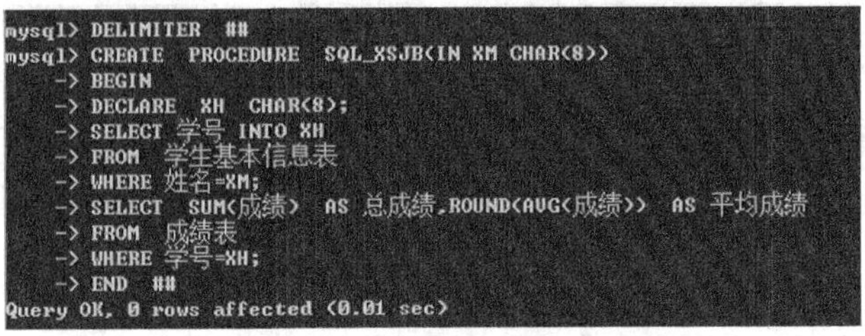

图 4-2　存储过程创建成功

注意　**• DECLARE 是声明局部变量的关键字，本例中声明的局部变量“XH”用来临时存放通过“学生基本信息表”查询到的学号，然后根据学号这个条件再从“成绩表”中查询总成绩和平均成绩。**

• INTO 是将查询到的值赋值给变量，本例中查询到的学号值赋值给了事先声明的变量“XH”。

4.1.2　存储过程的调用

存储过程创建之后，可通过调用语句实现其功能。语法格式如下。

```
CALL  存储过程名  ([参数[,...]])
```

语法说明如下。

- 存储过程名：已经创建的存储过程的名称。
- 参数：调用存储过程的参数个数，必须与已创建存储过程的参数个数相等。

【例 4-3】请调用存储过程 DEL_XSJB，删除“学生基本信息表”中姓名为“王琳”的学生的信息。

```
CALL  DEL_XSJB('王琳');
```

我们先进行结束符号的重新定义，定义结束符号为分号，然后查询未执行存储过程时“学生基本信息表”中的内容，执行结果如图 4-3 所示。

调用存储过程的执行结果如图 4-4 所示。

调用成功后，查询“学生基本信息表”的内容，执行结果如图 4-5 所示。

图 4-3　定义结束符号并进行原表内容的查询

图 4-4　调用存储过程

图 4-5　调用存储过程后表内容查询

通过查询，可以看到"学生基本信息表"中"王琳"的信息已经被删除，该功能通过存储过程 DEL_XSJB 实现。

> **注意**　在本例中，调用存储过程时，"王琳"被作为 IN 参数传递给变量 XM，通过这个条件来执行存储体中的删除语句可达到删除目的。

【例 4-4】请调用存储过程 SQL_XSJB，查询学生"程明明"总成绩和平均成绩。

```
CALL   SQL_XSJB('程明明');
```

执行结果如图 4-6 所示。

图 4-6　调用存储过程查询"程明明"的总成绩和平均成绩

4.1.3　存储过程的查询

1. 查看数据库中存在的存储过程

语法格式如下。

SHOW　PROCEDURE　STATUS

【例4-5】请查看当前存在的存储过程，语法格式如下。

SHOW　PROCEDURE　STATUS;

执行结果如图4-7所示。

图4-7　查看当前库中的存储过程

2. 查看特定数据

（1）确定数据库名
语法格式如下。

SHOW　PROCEDURE　STATUS　WHERE　DB='数据库名';

【例4-6】请查看数据库"XSCJ"中的存储过程，语法格式如下。

SHOW　PROCEDURE　STATUS　WHERE　DB='XSCJ';

执行结果如图4-8所示。

图4-8　查看数据库"XSCJ"中的存储过程

（2）不确定数据库名
语法格式如下。

SHOW　PROCEDURE　STATUS　WHERE　NAME　LIKE　'模糊的数据库名';

【例4-7】请查看数据库名中有"XS"的存储过程，语法格式如下。

SHOW　PROCEDURE　STATUS　WHERE　NAME　LIKE　'%XS%';

执行结果如图4-9所示。

图4-9　数据库名中含有"XS"的存储过程

注意 当我们查看某数据库中的存储过程时，有时会出现记不全数据库名的情况，这时可以使用模糊查询的符号"%"和"_"来表示不确定部分。

3. 查看存储过程的具体信息

语法格式如下。

```
SHOW  CREATE  PROCEDURE  存储过程名
```

【例 4-8】请查看存储过程 SQL_XSJB 的具体信息，语法格式如下。

```
SHOW  CREATE  PROCEDURE  SQL_XSJB;
```

执行结果如图 4-10 所示。

```
mysql> SHOW  CREATE  PROCEDURE  SQL_XSJB;
+----------+-----------------------------------------------------------------+------------------
| Procedure | sql_mode                                                       | Create Procedure
                                                                                        | character_set_client | collation_connection | Database Collation |
+----------+-----------------------------------------------------------------+------------------
| SQL_XSJB  | STRICT_TRANS_TABLES,NO_AUTO_CREATE_USER,NO_ENGINE_SUBSTITUTION | CREATE DEFINER=`root`@`localhost` PROCEDURE `SQL_XSJB`(IN XM CHAR(8))
BEGIN
DECLARE  XH  CHAR(8);
SELECT 学号 INTO XH
FROM  学生基本信息表
WHERE 姓名=XM;
SELECT  SUM(成绩) AS 总成绩,ROUND(AVG(成绩)) AS 平均成绩
FROM  成绩表
WHERE 学号=XH;
END | gb2312               | gb2312_chinese_ci    | gb2312_chinese_ci  |
+----------+-----------------------------------------------------------------+------------------
1 row in set (0.00 sec)
```

图 4-10　查看已创建存储过程的具体信息

4.1.4　存储过程的删除

语法格式如下。

```
DROP  PROCEDURE  [IF EXISTS]  存储过程名
```

【例 4-9】请删除存储过程 DEL_XSJB，语法格式如下。

```
DROP  PROCEDURE  DEL_XSJB;
```

执行结果如图 4-11 所示。

```
mysql> DROP  PROCEDURE  DEL_XSJB;
Query OK, 0 rows affected (0.02 sec)
```

图 4-11　存储过程的删除

> **注意**　**存储过程名称后面没有参数列表和括号，在删除之前，必须确认该存储过程没有任何依赖关系，否则会导致其他与之关联的存储过程无法运行。**

4.2　流程控制语句

在 MySQL 中，也可以像其他编程软件那样使用流程控制语句。例如，常用的 IF 语句、CASE 语句、WHILE 语句、REPEAT 语句、LEAVE 语句和 LOOP 语句。

4.2.1 IF 语句

IF 语句是条件判断语句，可以根据不同的条件执行不同的操作。

语法格式如下。

```
IF  条件 1  THEN  语句系列 1
[ELSEIF  条件 2  THEN  语句系列 2]
…
[ELSE  语句系列 N]
END  IF
```

【例 4-10】请获取两个数值中的较小值。

```
DELIMITER  ##
CREATE  PROCEDURE  GETMIN(IN A INT,IN B INT)
BEGIN
IF A<B  THEN  SELECT    A;
ELSE SELECT        B;
END  IF;
END  ##
```

执行结果如图 4-12 所示。

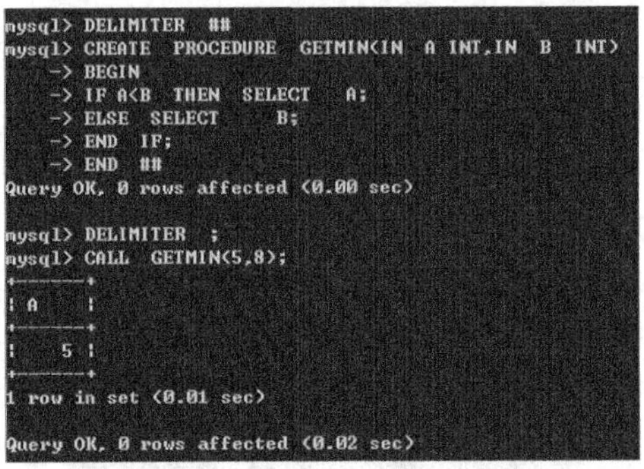

图 4-12 IF 语句应用（1）

【例 4-11】请根据成绩进行提示，如果成绩低于 60 分，显示"不及格"；如果成绩高于或等于 60 分且低于 85 分，显示"良好"；如果成绩高于 85 分，显示"优秀"。

```
DELIMITER  ##
CREATE  PROCEDURE  GETMESSAGE(IN  SCORE  INT  )
BEGIN
IF SCORE<60  THEN  SELECT    '不及格';
ELSEIF  SCORE<85  THEN    SELECT '良好';
ELSE  SELECT    '优秀';
END  IF;
END  ##
```

执行结果如图 4-13 所示。

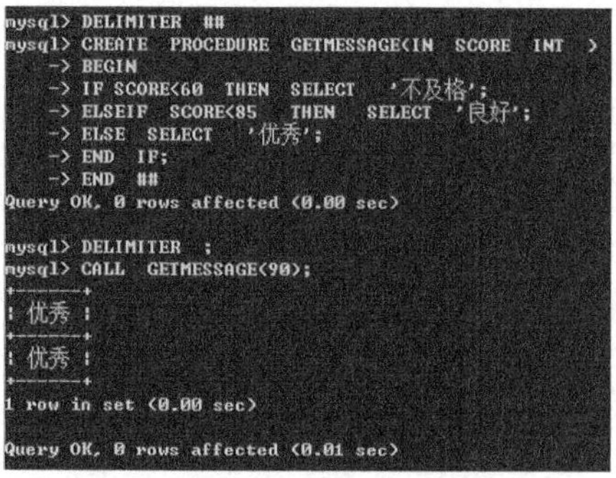

图 4-13　IF 语句应用（2）

4.2.2　CASE 语句

CASE 语句为多分支语句结构，它有两种使用方法。

第一种使用方法语法格式如下。

```
CASE　表达式
    WHEN　值1　THEN　语句序列1
    WHEN　值2　THEN　语句序列2
    …
    ELSE　语句序列N
END　CASE
```

注意　先执行第一个WHEN，把它后面的值1与CASE后的表达式进行比较，如果相等，则执行该分支，也就是语句序列1的内容；如果不相等，继续往下执行，一旦WHEN后的值与CASE后的表达式相等，就执行WHEN后的语句序列，如果所有值与CASE后的表达式都不相等，则执行ELSE后的语句序列N。

第二种使用方法语法格式如下。

```
CASE
    WHEN　条件1　THEN　语句序列1
    WHEN　条件2　THEN　语句序列2
    …
    ELSE　语句序列N
END　CASE
```

注意　先执行第一个WHEN，如果条件1为真，则执行语句序列1，以此类推，如果所有条件都不为真，则执行ELSE后的内容。

【例 4-12】请创建存储过程，通过输入的学号来查询学生基本信息表中的性别，如果性别是 1，则输出"男"；如果性别是 0，则输出"女"；如果两个条件都不满足，则输出"无记录"。

第一种方式代码如下。

```
DELIMITER  ##
CREATE  PROCEDURE  GETSEX(IN  XH  CHAR(8))
BEGIN
DECLARE SEX CHAR(2);
SELECT  性别  INTO SEX
from  学生基本信息表
WHERE  学号=XH;
CASE   SEX
WHEN  1
THEN  SELECT  '男';
WHEN  0
THEN  SELECT  '女';
ELSE   SELECT  '无记录';
END   CASE;
END  ##
```

存储过程创建成功，执行结果如图4-14所示。

调用存储过程后的执行结果如图4-15所示。

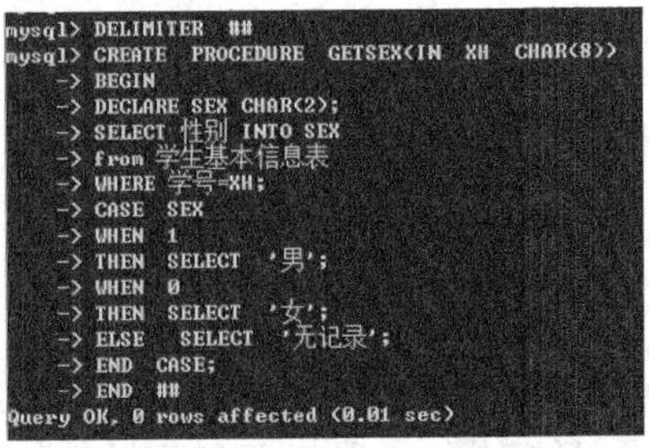

图4-14 CASE 语句应用

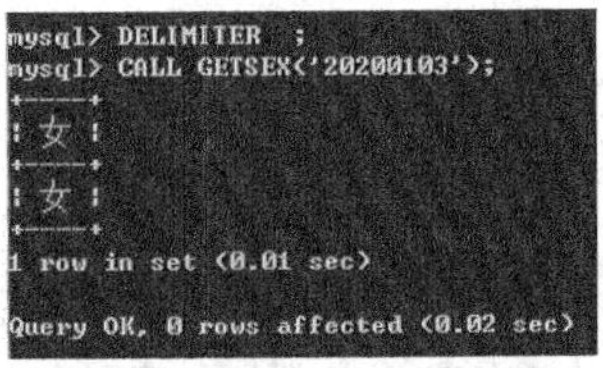

图4-15 调用存储过程结果

第二种方式代码如下。

```
DELIMITER  ##
CREATE  PROCEDURE  GETSEX(IN  XH  CHAR(8))
BEGIN
DECLARE SEX CHAR(2);
SELECT  性别  INTO SEX
from  学生基本信息表
WHERE  学号=XH;
CASE
WHEN  1
THEN  SELECT  '男';
WHEN  0
THEN  SELECT  '女';
ELSE   SELECT  '无记录';
END   CASE;
END  ##
```

创建与调用存储过程的执行结果如图4-16所示。

图 4-16　创建与调用存储过程的执行结果（1）

4.2.3　WHILE 语句

WHILE 语句为循环语句，语法格式如下。

```
WHILE  条件  DO
循环体
END  WHILE
```

注意

WHILE 语句先判断条件，如果条件为真，则执行循环体；反之，退出循环。

【例 4-13】请计算 1～100 所有整数的和。

```
DELIMITER  ##
CREATE  PROCEDURE  GETSUM(OUT  SUM  INT )
BEGIN
DECLARE  I   INT(10)  DEFAULT 1;
DECLARE  S   INT(10)   DEFAULT 0;
WHILE  I<=100    DO
SET  S=S+I;
SET    I=I+1;
END WHILE;
SET SUM=S;
END ##

DELIMITER  ;
CALL GETSUM( @SUM );
SELECT  @SUM;
```

创建与调用存储过程的执行结果如图 4-17 所示。

图 4-17　创建与调用存储过程的执行结果（2）

4.2.4　REPEAT 语句

REPEAT 语句为循环语句，语法格式如下。

```
REPEAT
循环体
UNTIL 条件
END   REPEAT
```

> **注意**　REPEAT 语句先执行循环体，然后判断条件是否为真，如果为假，则继续循环；反之，退出循环。

【例 4-14】请计算 1～100 所有整数的和。

```
DELIMITER   ##
CREATE   PROCEDURE   GETSUM(OUT   SUM    INT )
BEGIN
DECLARE   I    INT(10)  DEFAULT 1;
DECLARE   S    INT(10)    DEFAULT 0;
REPEAT
SET S=S+I;
SET I=I+1;
UNTIL   I>100
END   REPEAT;
SET SUM=S;
END ##

DELIMITER   ;
CALL GETSUM( @SUM );
SELECT   @SUM;
```

创建与调用存储过程的执行结果如图 4-18 所示。

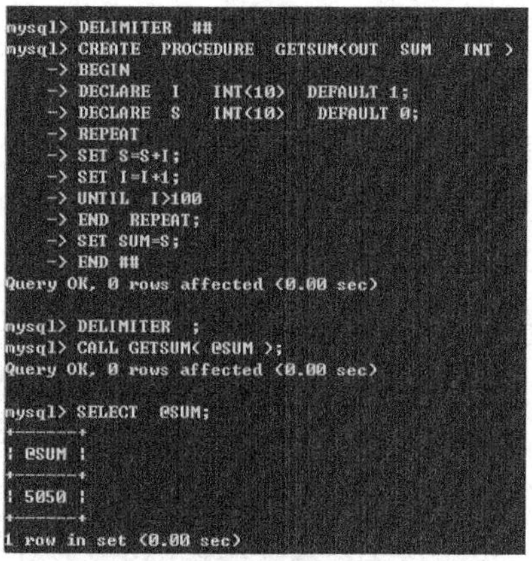

图 4-18　创建与调用存储过程的执行结果（3）

4.2.5　LEAVE 语句

LEAVE 语句为退出循环语句，语法格式如下。

LEAVE　[语句标号]

注意

语句标号是用户添加的，通过 LEAVE [语句标号]可以强制退出此语句标号的循环语句。

4.2.6　LOOP 语句

LOOP 语句为循环语句，语法格式如下。

[语句标号:]　LOOP
循环体
END　LOOP　[语句标号]

注意

LOOP 语句没有内置的循环条件，但可以通过 LEAVE 语句退出循环。

【例 4-15】请计算 1～100 所有整数的和。

```
DELIMITER  ##
CREATE  PROCEDURE  GETSUM(IN  A  INT )
BEGIN
DECLARE  SUM   INT  DEFAULT 0;
DECLARE  I      INT   DEFAULT 1;
A1: LOOP
IF I>A   THEN
```

```
LEAVE A1;
END IF;
SET SUM=SUM+I;
SET I=I+1;
END LOOP ;
SELECT SUM;
END  ##

DELIMITER  ;
CALL GETSUM(100);
```

创建与调用存储过程的执行结果如图 4-19 所示。

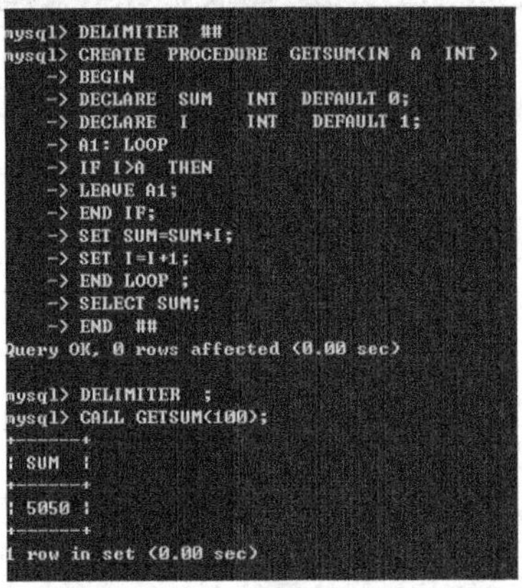

图 4-19 创建与调用存储过程的执行结果（4）

4.3 函数

MySQL 数据库提供的内部函数，可以帮助用户更加方便地处理表中的数据。MySQL 函数包括数值型函数、字符串函数、日期和时间函数、聚合函数、流程判断函数等，这些函数可以使 MySQL 数据库的功能更强大。SELECT、INSERT、UPDATE、DELECT 语句及其条件表达式都可以使用这些函数。

MySQL 函数可对表中数据进行相应的处理，以便得到用户需要的数据。例如，表中的某个数据要进行四舍五入，我们就要使用数学中的 ROUND 函数；如果要返回字符串长度，就可使用 CHAR_LENGTH 函数。

4.3.1 函数

1. 数值型函数

常用的 MySQL 数值型函数如表 4-3 所示。

表 4-3　　　　　　　　　　　　　常用的 MySQL 数值型函数

函数名称	作用
ABS	求绝对值
SQRT	求二次方根
MOD	求余数
CEIL 和 CEILING	两个函数功能相同，都是返回不小于参数的最小整数，即向上取整
FLOOR	向下取整，返回值转化为一个 BIGINT
RAND	生成一个 0～1 的随机数，rand()表示无参数，产生的随机数是随机的、不可重复的；rand(n)表示有参数，相当于指定随机数产生的种子，产生的随机数是可重复的
ROUND	对所传参数进行四舍五入
SIN	求正弦值
ASIN	求反正弦值，与函数 SIN 互为反函数
COS	求余弦值
ACOS	求反余弦值，与函数 COS 互为反函数
TAN	求正切值
ATAN	求反正切值，与函数 TAN 互为反函数
COT	求余切值

【例 4-16】请查询学生基本信息表中每个学生的学号、姓名和平均分（四舍五入），并按照平均分降序排列，代码如下。

```
SELECT   学生基本信息表.学号,姓名,ROUND(AVG(成绩)) AS   平均分
FROM   学生基本信息表,成绩表
WHERE   学生基本信息表.学号=成绩表.学号
GROUP BY   学生基本信息表.学号
ORDER BY   平均分   DESC;
```

执行结果如图 4-20 所示。

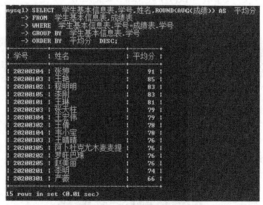

图 4-20　ROUND 函数应用

2. 字符串函数

常用的 MySQL 字符串函数如表 4-4 所示。

表 4-4　　　　　　　　　　　　　　常用的 MySQL 字符串函数

函数名称	作用
LENGTH	计算字符串长度函数，返回字符串的字节长度
CONCAT	合并字符串函数，返回结果为连接参数产生的字符串，参数可以是一个或多个
INSERT	替换字符串函数
LOWER	将字符串中的字母转换为小写
UPPER	将字符串中的字母转换为大写
LEFT	从左侧截取字符串，返回字符串左边的若干个字符
RIGHT	从右侧截取字符串，返回字符串右边的若干个字符
TRIM	删除字符串左、右两侧的空格
REPLACE	字符串替换函数，返回替换后的新字符串
SUBSTRING	截取字符串，返回从指定位置开始的指定长度的字符
REVERSE	字符串反转（逆序）函数，返回与原始字符串顺序相反的字符串

【例 4-17】请查询学生基本信息表中每个学生的学号、姓名和家庭住址（左侧的前 3 个字符）。

```
SELECT  学号,姓名,LEFT(家庭住址,3)
FROM  学生基本信息表;
```

执行结果如图 4-21 所示。

图 4-21　LEFT 函数应用

【例 4-18】请将学号、姓名和政治面貌进行连接，代码如下。

```
SELECT  CONCAT(学号,姓名,政治面貌)
FROM  学生基本信息表;
```

执行结果如图 4-22 所示。

图 4-22　CONCAT 函数应用

3. 日期和时间函数

常用的日期和时间函数如表 4-5 所示。

表 4-5　　　　　　　　　　　　　　　常用的日期和时间函数

函数名称	作用
CURDATE 和 CURRENT_DATE	两个函数的作用相同，返回当前系统的日期值
CURTIME 和 CURRENT_TIME	两个函数的作用相同，返回当前系统的时间值
NOW 和 SYSDATE	两个函数的作用相同，返回当前系统的日期和时间值
UNIX_TIMESTAMP	获取 UNIX 时间戳函数，返回一个以 UNIX 时间戳为基础的无符号整数
FROM_UNIXTIME	将 UNIX 时间戳转换为时间格式，与 UNIX_TIMESTAMP 互为反函数
MONTH	获取指定日期中的月份
MONTHNAME	获取指定日期中的月份的英文名称
DAYNAME	获取指定日期对应的星期几的英文名称
DAYOFWEEK	获取指定日期对应的一周的索引位置值
WEEK	获取指定日期是一年中的第几周，返回值的范围是 0～52 或 1～53
DAYOFYEAR	获取指定日期是一年中的第几天，返回值范围是 1～366
DAYOFMONTH	获取指定日期是一个月中的第几天，返回值范围是 1～31
YEAR	获取年份，返回值是 1970～2069
TIME_TO_SEC	将时间参数转换为秒数
SEC_TO_TIME	将秒数转换为时间，与 TIME_TO_SEC 互为反函数
DATE_ADD 和 ADDDATE	两个函数的功能相同，都是向日期中添加指定的时间间隔
DATE_SUB 和 SUBDATE	两个函数的功能相同，都是从日期中减去指定的时间间隔
ADDTIME	时间加法运算，在原始时间上添加指定的时间
SUBTIME	时间减法运算，在原始时间上减去指定的时间
DATEDIFF	获取两个日期之间的间隔，返回参数 1 减去参数 2 的值
DATE_FORMAT	格式化指定的日期，根据参数返回指定格式的值
WEEKDAY	获取指定日期在一周内的对应的工作日索引

【例 4-19】请通过查询返回当前系统的日期值、时间值、日期和时间值，代码如下。

```
DELIMITER ##
SELECT   CURDATE();
SELECT   CURTIME();
SELECT   NOW()##
```

执行结果如图 4-23 所示。

图 4-23　日期和时间函数应用（1）

【例4-20】请通过查询返回"学生基本信息表"中每个学生的学号、姓名、年龄，代码如下。

```
SELECT  学号,姓名,YEAR(NOW())-YEAR(出生日期) AS 年龄
FROM  学生基本信息表;
```

执行结果如图4-24所示。

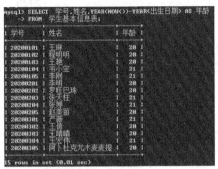

图4-24 日期和时间函数应用（2）

4. 聚合函数

常用的聚合函数如表4-6所示。

表4-6   常用的聚合函数

函数名称	作用
MAX	查询指定列的数据的最大值
MIN	查询指定列的数据的最小值
COUNT	统计查询结果的行数
SUM	求和，返回指定列的数据的总和
AVG	求平均值，返回指定列的数据的平均值

5. 流程判断函数

常用的流程判断函数如表4-7所示。

表4-7   常用的流程判断函数

函数名称	作用
IF	根据判断条件的结果为 TRUE 或 FALSE，返回第一个值或第二个值，也可以进行嵌套使用。例如：IF（value，value1，value2），如果 value 的值为 TRUE，则返回 value1；否则，返回 value2
IFNULL	接受两个参数，如果第一个参数不为 NULL，返回第一个参数；如果第一个参数是 NULL，则返回第二个参数。例如：IFNULL（value1，value2），如果 value1 不为 NULL，返回 value1；否则，返回 value2
NULLIF	接受两个参数，如果第一个参数等于第二个参数，则返回 NULL；否则，返回第一个参数。例如：NULLIF（value1，value2），如果 value1= value2，则返回 NULL；否则，返回 value1
CASE WHEN	进行多重判断。例如：CASE WHEN 条件1 THEN 结果1 WHEN 条件2 THEN 结果2 …ELSE [结果N] END，如果条件1为 TRUE，返回结果1……如果前面所有条件都不成立，则返回结果N

【例4-21】请通过查询返回"学生基本信息表"中每个学生的姓名、性别，如果性别是1，则返回"男"；如果性别是0，则返回"女"。

```
SELECT  姓名,性别,IF(性别=1,'男','女') AS  性别
FROM  学生基本信息表;
```

执行结果如图 4-25 所示。

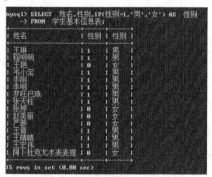

图 4-25 流程控制函数 IF 应用

4.3.2 用户自定义函数

作为用户，我们不但可以直接使用系统中的函数，而且可以自行定义一些具备特殊意义的函数来使用。

1. 创建函数

创建函数的语法格式如下。

```
CREATE  FUNCTION  存储函数名([参数[,...]])
RETURNS  类型
函数体
```

语法说明如下。

- 参数：只有名称和类型，不能指定输入、输出。
- 类型：声明函数返回值的数据类型。
- 函数体：由 SQL 语句和流程控制语句组成，必须包含 RETURN 语句。

【例 4-22】请创建一个存储函数，返回"学生基本信息表"中的学生总人数。

```
DELIMITER $$
CREATE FUNCTION NUM_XS()
RETURNS INT
DETERMINISTIC
BEGIN
RETURN (SELECT COUNT(*)  FROM 学生基本信息表);
END $$
```

执行结果如图 4-26 所示。

```
mysql> DELIMITER $$
mysql> CREATE FUNCTION NUM_XS()
    -> RETURNS INT
    -> DETERMINISTIC
    -> BEGIN
    -> RETURN (SELECT COUNT(*)  FROM 学生基本信息表);
    -> END $$
Query OK, 0 rows affected (0.01 sec)
```

图 4-26 创建存储函数（1）

【例 4-23】请创建一个存储函数，返回“学生基本信息表”中指定的学生姓名对应的学号。

```
DELIMITER $$
CREATE FUNCTION SNO_XS(NAME   CHAR(30))
RETURNS CHAR(8)
DETERMINISTIC
BEGIN
RETURN (SELECT 学号  FROM 学生基本信息表  WHERE 姓名=NAME);
END $$
```

执行结果如图 4-27 所示。

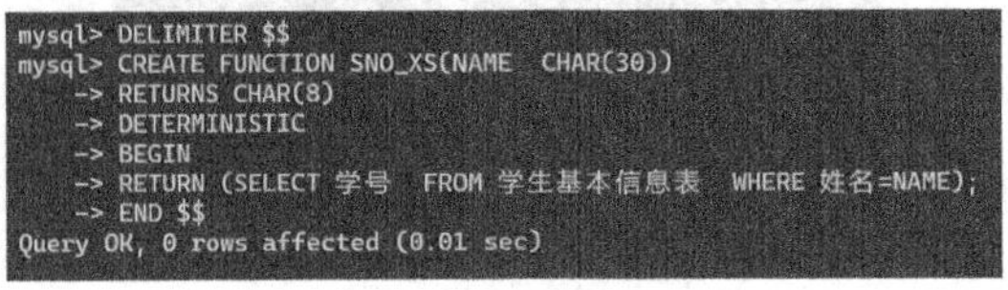

```
mysql> DELIMITER $$
mysql> CREATE FUNCTION SNO_XS(NAME  CHAR(30))
    -> RETURNS CHAR(8)
    -> DETERMINISTIC
    -> BEGIN
    -> RETURN (SELECT 学号  FROM 学生基本信息表  WHERE 姓名=NAME);
    -> END $$
Query OK, 0 rows affected (0.01 sec)
```

图 4-27　创建存储函数（2）

2. 调用函数

调用函数的语法格式如下。

```
SELECT  存储函数名([参数[,…]])
```

【例 4-24】请调用存储函数“NUM_XS”，查询学生总人数，代码如下。

```
SELECT NUM_XS();
```

执行结果如图 4-28 所示。

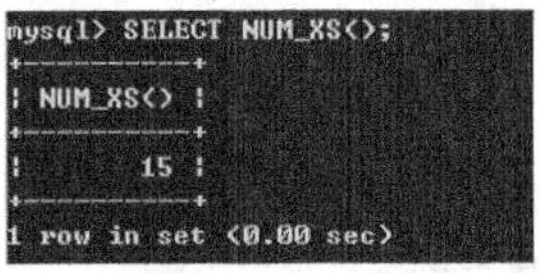

```
mysql> SELECT NUM_XS();
+----------+
| NUM_XS() |
+----------+
|       15 |
+----------+
1 row in set (0.00 sec)
```

图 4-28　调用存储函数“NUM_XS”

【例 4-25】请调用存储函数“SNO_XS”，查询“王琳”的学号，代码如下。

```
SELECT SNO_XS('王琳');
```

执行结果如图 4-29 所示。

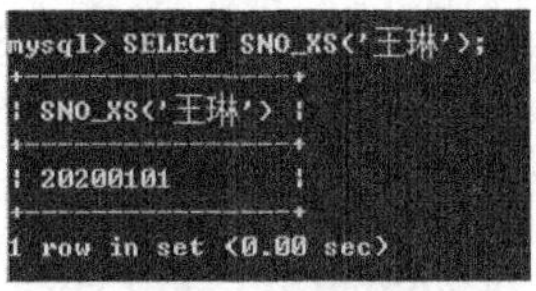

```
mysql> SELECT SNO_XS('王琳');
+----------------+
| SNO_XS('王琳') |
+----------------+
| 20200101       |
+----------------+
1 row in set (0.00 sec)
```

图 4-29　调用存储函数“SNO_XS”

3. 删除函数

删除函数的语法格式如下。

```
DROP FUNCTION [IF EXISTS]  存储函数名
```

【例 4-26】请删除存储函数"NUM_XS",代码如下。

```
DROP FUNCTION NUM_XS;
```

执行结果如图 4-30 所示。

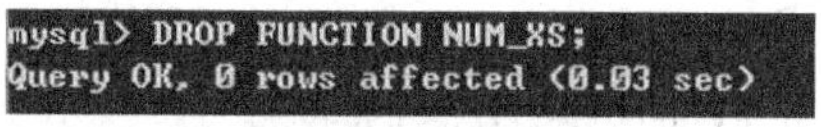

```
mysql> DROP FUNCTION NUM_XS;
Query OK, 0 rows affected (0.03 sec)
```

图 4-30 删除存储函数"NUM_XS"

4.4 触发器

当对某一数据表进行插入、删除或更新操作时,已创建的触发器会自动执行事先编写好的若干条 SQL 语句,对其他相关数据表进行相应的插入、删除或更新操作以达到数据的一致性。举例来说,如果班级中某个同学转学,当删除"学生基本信息表"中该学生的信息时,"成绩表"中该学生的相关信息会自动删除,这说明建立在"学生基本信息表"中的触发器发挥了作用。由此可见,触发器能保证数据的完整性,起到约束的作用。

4.4.1 认识触发器

顾名思义,"触发"即"一触即发"。也就是说,一旦拥有触发器的数据表执行插入、修改和删除操作,就会自动触发相应的事件。

触发事件的操作和触发器里的 SQL 语句是一个事务操作语句,具有原子性,要么全部执行,要么都不执行。

4.4.2 创建触发器

创建触发器的语法格式如下。

```
CREATE  TRIGGER  触发器名  触发时间  触发事件
ON  表名  FOR  EACH  ROW  触发器动作
```

语法说明如下。

• 触发时间:有 AFTER 和 BEFORE 两个选项,AFTER 表示触发器里面的命令在操作数据之后执行,BEFORE 表示触发器里面的命令在操作数据之前执行。

• 触发事件:有 3 个选项,分别是 INSERT、UPDATE 和 DELETE。

与触发事件相关的 3 个关键字意义如表 4-8 所示。

表 4-8　　　　　　　　　　　　与触发事件相关的 3 个关键字意义

触发事件	OLD	NEW
INSERT		表示将要插入或已插入的新数据
UPDATE	表示将要被修改或已被修改的原数据	表示将要被修改或已被修改的新数据
DELETE	表示将要被删除或已被删除的原数据	

• 表名:与触发器相关的表,也就是建立触发器的表名,同一个表不能有两个具有相同触发时刻和事件的触发器。

101

- FOR EACH ROW：表示任何一条记录上的操作，只要满足条件，就会激活触发器动作。
- 触发器动作：触发器激活后将要执行的语句。

【例 4-27】请创建一个触发器，以实现当向“学生基本信息表”中插入记录时，用户变量 A 的值为“有新学生加入”。

创建触发器的语法格式如下。

```
CREATE  TRIGGER  XSJB_INSERT AFTER INSERT
ON 学生基本信息表  FOR  EACH  ROW
SET  @A='一个用户已添加';
```

在未添加数据之前查询 A，语法格式如下：

```
SELECT  @A;
```

插入一条数据。

```
INSERT INTO 学生基本信息表 VALUES ('20200306', '张三',0, '2001-02-10','汉族','中共党员','计算机网络技术', '湖北省武汉市','133********',  27, NULL, NULL);
```

查询“学生基本信息表”，语法格式如下。

```
SELECT *  FROM 学生基本信息表
WHERE 学号='20200306';
```

在添加数据之后查询 A，语法格式如下。

```
SELECT  @A;
```

执行结果如图 4-31 所示。

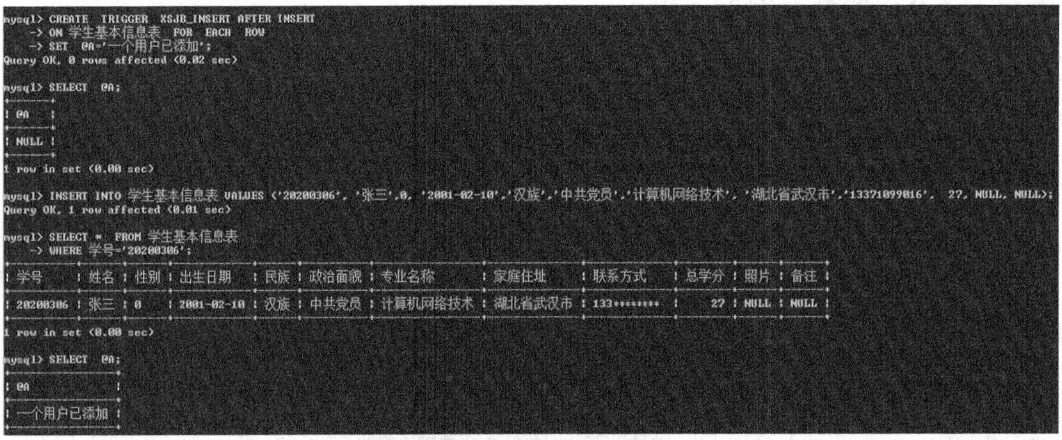

```
mysql> CREATE  TRIGGER  XSJB_INSERT AFTER INSERT
    -> ON 学生基本信息表  FOR  EACH  ROW
    -> SET  @A='一个用户已添加';
Query OK, 0 rows affected (0.02 sec)

mysql> SELECT  @A;
+------+
| @A   |
+------+
| NULL |
+------+
1 row in set (0.00 sec)

mysql> INSERT INTO 学生基本信息表 VALUES ('20200306', '张三',0, '2001-02-10','汉族','中共党员','计算机网络技术', '湖北省武汉市','13371099016',  27, NULL, NULL);
Query OK, 1 row affected (0.01 sec)

mysql> SELECT *  FROM 学生基本信息表
    -> WHERE 学号='20200306';
+----------+------+------+------------+------+----------+----------------+--------------+-------------+--------+------+------+
| 学号     | 姓名 | 性别 | 出生日期   | 民族 | 政治面貌 | 专业名称       | 家庭住址     | 联系方式    | 总学分 | 照片 | 备注 |
+----------+------+------+------------+------+----------+----------------+--------------+-------------+--------+------+------+
| 20200306 | 张三 | 0    | 2001-02-10 | 汉族 | 中共党员 | 计算机网络技术 | 湖北省武汉市 | 133******** |     27 | NULL | NULL |
+----------+------+------+------------+------+----------+----------------+--------------+-------------+--------+------+------+
1 row in set (0.00 sec)

mysql> SELECT  @A;
+----------------+
| @A             |
+----------------+
| 一个用户已添加 |
+----------------+
```

图 4-31　触发器创建与验证过程（1）

【例 4-28】请创建一个触发器，以实现当删除“学生基本信息表”中的学生信息时，自动删除“成绩表”中这个学生的相关记录。

创建触发器的语法格式如下。

```
DELIMITER  ##
CREATE TRIGGER  CJ_DEL  AFTER  DELETE
ON 学生基本信息表  FOR EACH  ROW
```

```
BEGIN
DELETE  FROM 成绩表 WHERE  学号=OLD.学号;
END  ##
```

查询指定学号对应的学生在"学生基本信息表"和"成绩表"中的记录，语法格式如下。

```
DELIMITER ;
SELECT * FROM 学生基本信息表 WHERE  学号='20200101';
SELECT * FROM 成绩表 WHERE   学号='20200101';
```

删除"学生基本信息表"指定学号对应的学生的信息，语法格式如下。

```
DELETE FROM 学生基本信息表 WHERE  学号='20200101';
```

再次查询指定学号对应的学生在"学生基本信息表"和"成绩表"中的记录，语法格式如下。

```
SELECT * FROM 学生基本信息表 WHERE  学号='20200101';
SELECT * FROM 成绩表 WHERE   学号='20200101';
```

执行结果如图 4-32 所示。

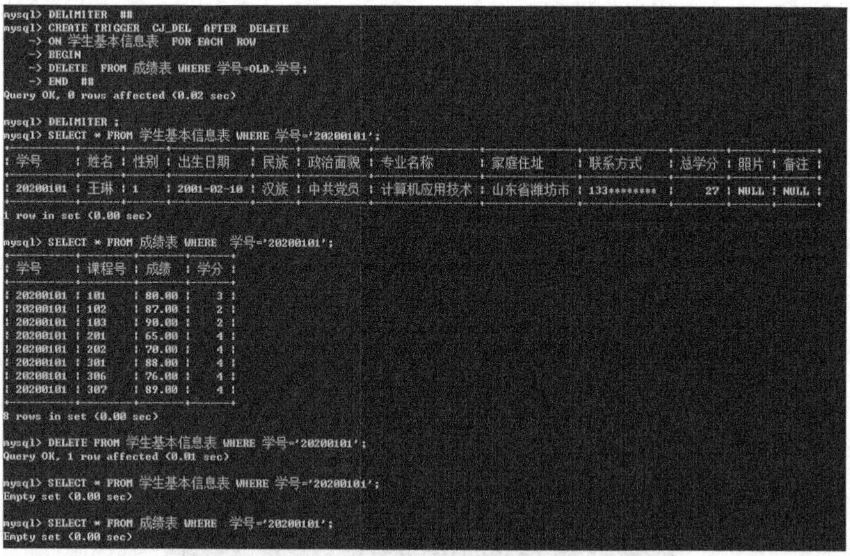

图 4-32　触发器创建与验证过程（2）

【例 4-29】请创建一个触发器，当修改"成绩表"中的数据时，如果修改后的成绩低于 60 分，则触发器会把该成绩对应的课程学分修改为 0；否则会把学分改成对应课程的学分。

创建触发器的语法格式如下。

```
DELIMITER  ##
CREATE  TRIGGER  CJ_UPDATE BEFORE UPDATE
ON 成绩表  FOR  EACH  ROW
BEGIN
DECLARE  XF  INT(3);
SELECT  学分 INTO XF FROM 课程信息表 WHERE  课程号=NEW.课程号;
IF NEW.成绩<60  THEN
SET NEW.学分=0;
```

```
ELSE
SET NEW.学分=XF;
END IF;
END ##
```

查询原数据的语法格式如下。

```
DELIMITER ;
SELECT * FROM 成绩表
WHERE 课程号='101' AND 学号='20200101';
```

修改数据的语法格式如下。

```
UPDATE 成绩表
SET 成绩=50
WHERE 课程号='101' AND 学号='20200101';
```

再次查询数据的语法格式如下。

```
SELECT * FROM 成绩表
WHERE 课程号='101' AND 学号='20200101';
```

执行结果如图 4-33 所示。

图 4-33　触发器创建与验证过程（3）

4.4.3　查看触发器

在 MySQL 中，查看触发器与查看数据库、数据表的方法类似，都采用 SHOW 语句，查看触发器的语法格式如下。

```
SHOW TRIGGERS;
```

4.4.4　删除触发器

删除触发器的语法格式如下。

DROP TRIGGER 触发器名

【例 4-30】请删除触发器"CJ_UPDATE",语法格式如下。

DROP TRIGGER CJ_UPDATE;

4.5　本章小结

通过本章的学习,希望读者能够掌握存储过程、触发器和函数的应用,同时能灵活运用流程控制语句。

4.6　本章习题

一、选择题

1. (　　)是删除存储过程的关键字。
   A. DROP　　　　B. CREATE　　　　C. ALTER　　　　D. DELETE
2. 下面选项中不属于存储过程的优点的是(　　)。
   A. 可以加快运行速度,减少网络流量　　　B. 增强代码的重用性和共享性
   C. 编辑简单　　　　　　　　　　　　　D. 可以作为安全性机制
3. 触发器的类型有 3 种,下面(　　)是错误的触发器类型。
   A. INSERT　　　　B. UPDATE　　　　C. DELETE　　　　D. ALTER
4. 一个触发器能定义在(　　)个表中。
   A. 一个到三个　　B. 一个或多个　　C. 只有一个　　　D. 任意多个
5. 一个表上可以有(　　)不同类型的触发器。
   A. 三种　　　　　B. 一种　　　　　C. 两种　　　　　D. 无限制

二、操作题

1. 请创建一个存储过程 DEL_YGJB,实现从"员工基本信息表"中删除指定员工编号对应的员工信息。
2. 请创建一个存储过程 SQL_YGGZ,实现根据给定的员工编号,查看"员工薪水表"中该员工的实发工资(收入−扣除)且进行四舍五入。
3. 请调用存储过程 DEL_YGJB,删除"员工基本信息表"中编号为"0001"的员工的信息。
4. 请调用存储过程 SQL_YGGZ,查询编号为"0002"的员工的实发工资。
5. 请删除存储过程 DEL_YGJB。
6. 请创建一个触发器 YG_DEL,以实现当删除"员工基本信息表"中的员工信息时,自动删除"员工薪水表"中的这个员工的记录。

第5章
MySQL数据库高级操作

▶ **内容导学**

在本章的学习过程中，要理解"事务"的含义和特性，并透彻理解它的提交与回滚，同时掌握其应用方法。为了实现数据库的安全性管理，要掌握用户与权限管理相关内容。为了应对突发情况，要学会数据库的备份和还原。

▶ **学习目标**

① 掌握事务的提交与回滚方法。
② 掌握用户的创建、查看、修改和删除方法。
③ 掌握用户权限的授予与回收方法。
④ 掌握数据库的备份和还原方法。

5.1 事务

5.1.1 事务概述

在互联网时代，我们购物时大都会用到微信、支付宝或银行卡付款，如果用银行卡付款，可以分为两步来实现。第一步，银行卡所在银行扣除我们卡内的付款金额；第二步，银行将金额汇入商家账户。但如果遇到了特殊情况，第一步成功完成了，银行系统突然出现了故障，就会导致第二步无法完成，这就意味着付款被成功扣掉，但商家并没有收到付款。为了避免这个问题发生，数据库中引入了事务的概念。

事务是一组操作数据库的 SQL 语句组成的工作单元，该工作单元中所有操作要么全部执行，要么都不执行，不存在部分执行的情况。"成功"即所有步骤都完成，"失败"即回到事务之前的初始状态，这就有效地保证了数据库中数据的一致性和并发性。

5.1.2 事务的特性

一般来说，事务必须满足 4 个特性：原子性（Atomicity）（或称不可分割性）、一致性（Consistency）、隔离性（Isolation）（或称独立性）、持久性（Durability）。

（1）原子性：一个事务中的所有操作，要么全部完成，要么全部未完成，不会在中间某个环节结束。如果事务在执行过程中发生错误，会被回滚（Rollback）到事务开始前的状态，就像这个事务从来没有执行过一样。

（2）一致性：在事务开始之前和事务结束以后，数据库从一个一致性状态变换到另一个一致性状态。以付款场景为例，假设客户在付款之前有 2000 元、0 件商品，商家有 10 件商品、0 元；

不管分几次扣款，发生了多少次交易，在整个事务结束时，客户与商家的总钱数还是 2000 元，商品总数目还是 10 件，这就是事务的一致性。

（3）隔离性：数据库允许多个并发事务同时对其数据进行读写和修改，隔离性可以防止多个事务并发执行时由于交叉执行而导致数据不一致。例如，事务 T1 和 T2 要操作同一个基本表，要么在事务 T1 执行之前 T2 就已经执行结束，要么等 T1 执行结束之后 T2 才开始执行，这样每个事务都感知不到有其他事务在与它并发执行。

（4）持久性：事务一旦被提交，其对数据库的更新操作就是永久的，即便数据库出现故障，也不会对事务的操作结果产生任何影响。

5.1.3　事务提交

在默认情况下，SQL 语句是自动提交的，即每条 SQL 语句在执行完毕会自动提交事务。如果我们想要多条 SQL 语句在全部执行完毕后统一提交事务，则需要事先关闭自动提交功能。

1. 查看数据库是否开启自动提交功能

语法格式如下。

```
SHOW  VARIABLES  LIKE  'AUTOCOMMIT';
```

语法说明如下。
如果返回结果是 ON，说明开启了自动提交功能。
【例 5-1】请查看当前数据库是否开启了自动提交功能，语法格式如下。

```
SHOW  VARIABLES  LIKE  'AUTOCOMMIT';
```

执行结果如图 5-1 所示。

图 5-1　查看数据库是否开启了自动提交功能结果

2. 关闭自动提交功能

语法格式如下。

```
SET  AUTOCOMMIT=0;
```

注意　SET AUTOCOMMIT=1;是开启自动提交功能的命令。如果执行了关闭自动提交命令，SQL 语句在执行完毕后不再自动提交事务至数据库，需要手动进行事务提交。

【例 5-2】请关闭自动提交功能，语法格式如下。

```
SET  AUTOCOMMIT=0;
```

执行结果如图 5-2 所示。

```
mysql> SET  AUTOCOMMIT=0;
Query OK, 0 rows affected (0.00 sec)
```

图 5-2　关闭自动提交功能结果

3. 手动提交事务

语法格式如下。

```
COMMIT;
```

【例 5-3】请执行手动提交事务。

```
COMMIT;
```

执行结果如图 5-3 所示。

```
mysql> COMMIT;
Query OK, 0 rows affected (0.00 sec)
```

图 5-3　手动提交事务功能结果

【例 5-4】请向“课程信息表”中插入两行数据后提交事务，进行查询。

第一步：查询“课程信息表”的初始数据。

```
SELECT  *  FROM 课程信息表;
```

第二步：开始事务。

```
BEGIN ;
```

第三步：插入两条记录。

```
INSERT INTO 课程信息表  VALUES('310','项目实战 1',5,64,4);
INSERT INTO 课程信息表  VALUES('311','项目实战 2',5,64,4);
```

第四步：手动提交事务。

```
COMMIT;
```

第五步：提交事务后查询记录是否已经成功插入课程信息表中。

```
SELECT  *  FROM 课程信息表;
```

执行结果如图 5-4 所示。

```
mysql> SELECT  *  FROM 课程信息表;
+--------+----------------------+----------+------+------+
| 课程号 | 课程名               | 开课学期 | 学时 | 学分 |
+--------+----------------------+----------+------+------+
| 101    | 思想道德修养与法律基础 |        1 | 48   |    3 |
| 102    | 大学语文             |        2 | 32   |    2 |
| 103    | 实用英语             |        2 | 32   |    2 |
| 201    | 高级程序语言基础     |        1 | 64   |    4 |
| 202    | 计算机应用技术基础   |        1 | 64   |    4 |
| 301    | 数据库管理与应用     |        3 | 64   |    4 |
| 302    | Web前端开发基础      |        3 | 64   |    4 |
| 303    | 计算机网络技术基础   |        3 | 64   |    4 |
| 304    | 计算机网络           |        4 | 64   |    4 |
| 305    | 软件工程             |        4 | 64   |    4 |
| 306    | PHP程序设计          |        4 | 64   |    4 |
| 307    | web应用开发          |        5 | 64   |    4 |
| 308    | Java项目开发         |        5 | 64   |    4 |
| 309    | 网络攻防技术与实践   |        5 | 64   |    4 |
| 310    | 项目实战1            |        5 | 64   |    4 |
| 311    | 项目实战2            |        5 | 64   |    4 |
+--------+----------------------+----------+------+------+
16 rows in set (0.00 sec)
```

图 5-4　事务提交应用

5.1.4 事务回滚

当事务中多条 SQL 语句在执行过程中由于系统故障等，部分语句执行不成功时，事务中已经执行成功的语句应该退回至未执行状态，这个操作称为事务回滚。

以付款场景为例，客户的钱被扣除后出现了故障，这时可以使用事务回滚功能回到未扣款状态，这样就保证了事务的一致性。

事务回滚语法格式如下。

ROLLBACK;

【例 5-5】请向"课程信息表"中插入一行数据，然后执行事务回滚，进行查询。

第一步：先查询"课程信息表"的初始数据。

SELECT * FROM 课程信息表;

第二步：开始事务。

BEGIN ;

第三步：插入一条记录。

INSERT INTO 课程信息表   VALUES('312','项目实战 3',5,64,4);

第四步：事务回滚。

ROLLBACK;

第五步：事务回滚后查询记录是否已经成功插入课程信息表中。

SELECT * FROM 课程信息表;

执行结果如图 5-5 所示。

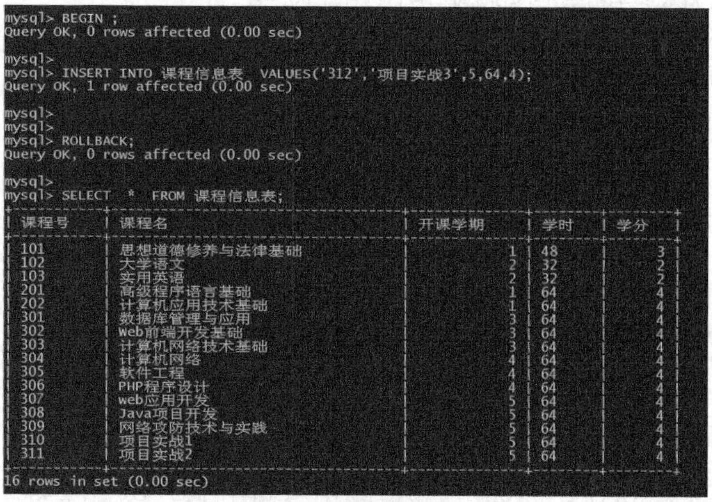

图 5-5 事务回滚应用

> **注意**
>
> 通过事务回滚后，并没有实现新记录插入，课程信息表回到了初始状态。

5.2 用户与权限管理

5.2.1 MySQL 账户管理概述

MySQL 是一个多用户数据库，具有功能强大的访问控制系统，可以为不同用户指定不同权限。

为了实际项目的需要，可以定义不同的用户角色，并为不同的角色赋予不同的操作权限。当用户访问数据库时，需要先验证该用户是否为合法用户，再约束该用户只能在被赋予的权限范围内操作。MySQL 用户账号的创建、授权及管理，均需要使用 root 用户。该用户是超级管理员，拥有所有权限，包括创建用户、删除用户和修改用户密码等管理权限。

5.2.2 创建用户

创建用户的语法格式如下。

CREATE USER 用户名 [IDENTIFIED BY '密码']

语法说明如下。

- 用户名：格式为'user_name'@'host_name'，user_name 为用户名，host_name 为主机名。如果该用户是本地用户，主机名可以使用 localhost；如果该用户从远程主机登录，主机名可以使用通配符%。
- IDENTIFIED BY：用于指定用户的密码，如果用户不设定密码，可以省略此子句。
- 密码：用户的登录密码，可以为空。

【例 5-6】请为本地主机数据库创建用户 CUSTOMER1。

CREATE USER 'CUSTOMER1'@'LOCALHOST';

执行结果如图 5-6 所示。

```
mysql> CREATE USER 'CUSTOMER1'@'LOCALHOST';
Query OK, 0 rows affected (0.02 sec)
```

图 5-6 创建用户 CUSTOMER1

> **注意**
>
> 虽然可以不指定密码，但是从安全的角度来看，不推荐此做法。

【例 5-7】请为本地主机数据库创建用户 CUSTOMER2，密码为 123456。

CREATE USER 'CUSTOMER2'@'LOCALHOST' IDENTIFIED BY '123456';

执行结果如图 5-7 所示。

```
mysql> CREATE  USER  'CUSTOMER2'@'LOCALHOST'  IDENTIFIED  BY  '123456';
Query OK, 0 rows affected (0.00 sec)
```

图 5-7　创建用户 CUSTOMER2

【例 5-8】请为 IP 地址为 172.18.100.100 的数据库创建用户 CUSTOMER3，密码为 123456。

CREATE USER 'CUSTOMER3'@'172.18.100.100' IDENTIFIED BY '123456';

执行结果如图 5-8 所示。

```
mysql> CREATE  USER  'CUSTOMER3'@'172.18.100.100'  IDENTIFIED  BY  '123456';
Query OK, 0 rows affected (0.00 sec)
```

图 5-8　创建用户 CUSTOMER3

【例 5-9】请创建用户 CUSTOMER4，可以在任意远程主机实现无密码登录服务器。

CREATE USER 'CUSTOMER4'@'%' IDENTIFIED BY '';

执行结果如图 5-9 所示。

```
mysql> CREATE  USER  'CUSTOMER4'@'%'  IDENTIFIED  BY  '';
Query OK, 0 rows affected (0.00 sec)
```

图 5-9　创建用户 CUSTOMER4

5.2.3　查看用户

1. 可以通过查询语句来实现查询

语法格式如下。

```
SELECT  *
FROM MYSQL.USER;
```

【例 5-10】请查看所有用户的 host、user、password。

```
SELECT  host,user,password
FROM MYSQL.USER;
```

执行结果如图 5-10 所示。

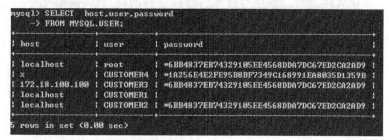

图 5-10　查看所有用户的 host、user、password

2. 可以借助连接字符串函数 CONCAT 来实现查询

【例 5-11】请查看所有用户。

```
SELECT DISTINCT CONCAT('''',user,'''@''',host,'''')  AS   用户
FROM MYSQL.USER;
```

执行结果如图 5-11 所示。

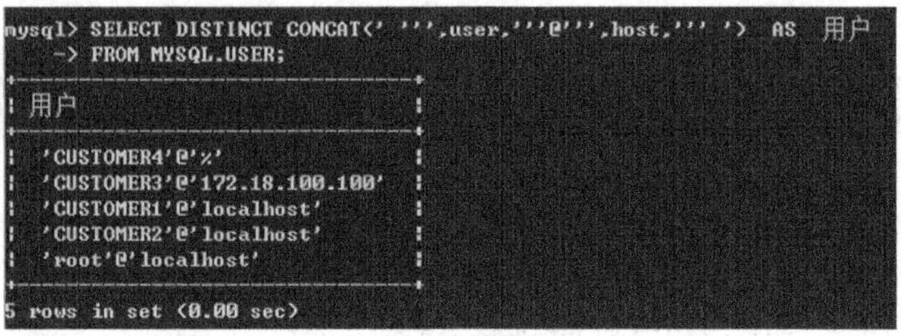

图 5-11　查看所有用户

5.2.4　删除用户

使用 DROP USER 语句可以实现用户的删除及权限的回收。
语法格式如下。

```
DROP   USER   用户名;
```

语法说明如下。
用户名：格式为'user_name'@'host_name'，可以一次删除一个或多个用户。
【例 5-12】请删除用户 CUSTOMER1。

```
DROP USER   'CUSTOMER1'@'LOCALHOST';
```

执行结果如图 5-12 所示。

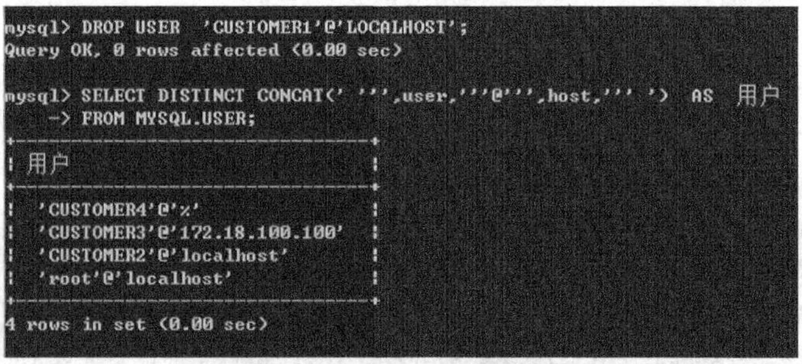

图 5-12　删除用户并验证是否成功删除

5.2.5　修改用户名

对于已经创建的用户，我们可以修改其用户名。

修改用户名的语法格式如下。

```
RENAME  USER  原用户名  TO   新用户名;
```

语法说明如下。

可以同时修改多个用户名，新用户名之间用逗号隔开即可。

【例 5-13】请将用户名 CUSTOMER2、CUSTOMER3 修改为 USER2、USER3。

```
RENAME  USER
'CUSTOMER2'@'LOCALHOST'      TO      'USER2'@'LOCALHOST',
'CUSTOMER3'@'172.18.100.100'  TO     'USER3'@'172.18.100.100';
```

执行结果如图 5-13 所示。

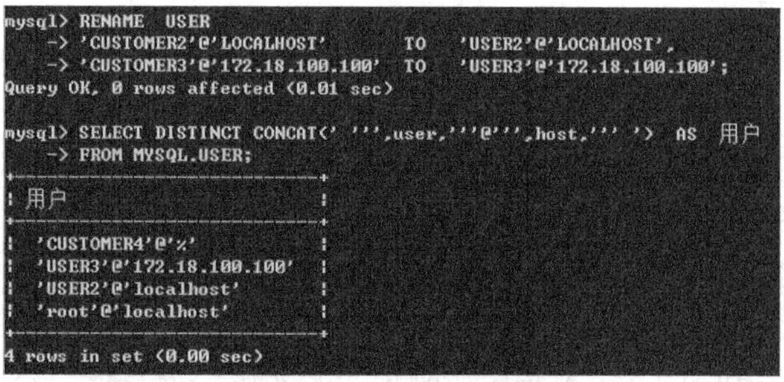

图 5-13　修改用户名并验证

5.2.6　设置与修改密码

对于创建时未指定密码的用户和已设置密码的用户，可以使用 SET 命令来添加和修改密码，语法格式如下。

```
SET  PASSWORD  FOR  'user_name'@'host_name'=PASSWORD('新密码');
```

【例 5-14】请将用户 USER2 的密码修改为 654321。

```
SET  PASSWORD  FOR  'USER2'@'LOCALHOST'=PASSWORD('654321');
```

5.2.7　授予与回收用户权限

MySQL 的权限体系大致分为 4 个层级。

（1）全局层级：全局权限适用于一个给定服务器中的所有数据库，这些权限存储在 mysql.user 表中。

（2）数据库层级：数据库权限适用于一个给定数据库中的所有目标，这些权限存储在 mysql.db 表中。

（3）表层级：表权限适用于一个给定表中的所有列，这些权限存储在 mysql.tables_priv 表中。

（4）列层级：列权限适用于一个给定表中的单一列，这些权限存储在 mysql.columns_priv 表中。

1. 授予用户权限

授予用户权限的语法格式如下。

```
GRANT   权限
ON    数据库名.数据表名
TO   'user_name'@'host_name';
```

语法说明如下。

- 权限：表示要授予用户的权限，如 INSERT、DELETE、UPDATE、SELECT 等，如果要授予用户所有权限，则使用 ALL。
- 数据库名.数据表名：指定要授予用户哪个库中的哪个表的权限，如果要授予用户所有库的所有表的权限，则使用*.*。

【例 5-15】请授予用户'CUSTOMER1'@'LOCALHOST'对数据库"XSCJ"的所有表的查询权限。

```
USE  XSCJ;
GRANT  SELECT
ON  XSCJ.*
TO  'CUSTOMER1'@'LOCALHOST';
```

【例 5-16】请授予用户'CUSTOMER2'@'LOCALHOST'对数据库"XSCJ"中"学生基本信息表"的学号、姓名的修改权限。

```
USE  XSCJ;
GRANT  UPDATE(学号,姓名)
ON   学生基本信息表
TO  'CUSTOMER2'@'LOCALHOST';
```

【例 5-17】请授予用户'CUSTOMER3'@'172.18.100.100'对数据库"XSCJ"的所有权限。

```
USE  XSCJ;
GRANT  ALL
ON  *
TO  'CUSTOMER3'@'172.18.100.100';
```

【例 5-18】请授予用户'CUSTOMER4'@'%'对本地主机数据库的所有库中的所有表的所有权限。

```
USE  XSCJ;
GRANT  ALL
ON  *.*
TO  'CUSTOMER4'@'%';
```

2. 回收用户权限

回收权限的语法与授予权限的语法相似。回收用户权限的语法格式如下。

```
REVOKE   权限
ON   数据库名.数据表名
FROM   'user_name'@'host_name';
```

可以发现，与授予用户权限的语法相比，回收用户权限的语法只有两处发生了改变，一处是将
GRANT 改为 REVOKE，另一处是将 TO 改为 FROM。

【例 5-19】请回收用户'CUSTOMER4'@'%'对本地数据库的所有库中的所有表的查询权限。

```
REVOKE   SELECT
ON   *.*
FROM   'CUSTOMER4'@'%';
```

5.3 备份与还原

数据库的备份和还原是重要且必要的。因为在实际项目运行中，有时有破坏数据库的行为，比
如硬件故障、自然灾害、人为失误或故意破坏等。如果我们经常进行数据库备份，即使发生了意外
情况，也能将数据库中的数据还原。

5.3.1 备份

1. 备份方案

MySQL 的备份方案主要分为逻辑备份、物理备份、全备份和增量备份。

（1）逻辑备份：采用 MySQL 命令进行，将数据库中的数据备份成一个文本文件，此文件可
用于后期数据库的还原，还可用于数据库的查看和编辑。逻辑备份的优点在于可以跨平台，备份文
件可以在不同系统平台、不同数据库引擎之间使用。

（2）物理备份：直接备份数据库文件，优点在于速度快、方便快捷；缺点在于不同的操
作系统或不同的数据库软件版本可能会导致还原不成功的情况发生。因此，不推荐使用此
方法。

（3）全备份：将备份某一时刻所有的数据，通过物理或逻辑备份可以实现全备份。

（4）增量备份：仅备份某一段时间内发生过改变的数据，需要开启 MySQL 二进制日志，通
过日志记录数据的改变，从而实现增量差异备份。

下面具体介绍逻辑备份方案。

MySQL 逻辑备份主要采用 mysqldump 命令执行，此命令存储于 MySQL 目录的 bin 目录
中，在使用此命令前，需要将 MySQL 目录添加为系统环境变量。

语法格式如下。

```
mysqldump  -u[用户名]   -p[密码]   [数据库名] > [路径]\[文件名称].sql
```

语法说明如下。
- 用户名：数据库的用户。
- 密码：数据库用户的密码。
- 数据库名：需备份的数据库名称。

- 路径：备份文件的路径。
- 文件名称：最终文件的名称。

【例 5-20】请用户名为 root（密码为 123456）的用户将数据库 XSCJ 备份到 D 盘根目录下，名称为"xscj1.sql"。

第一步：打开命令提示符窗口，将 MySQL 目录添加为系统环境变量。

```
cd   C:\Program Files <x86>\MySQL\MySQL Server 5.6\bin
```

执行结果如图 5-14 所示。

```
C:\Users\test>cd C:\Program Files (x86)\MySQL\MySQL Server 5.6\bin
```

图 5-14　添加 MySQL 目录

第二步：导出数据库。

```
mysqldump  -u  root  -p   xscj > d:\xscj1.sql
```

执行结果如图 5-15 所示。

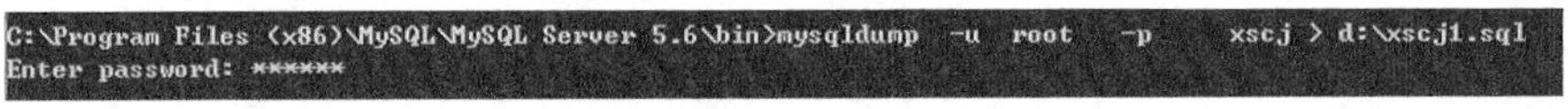

```
C:\Program Files (x86)\MySQL\MySQL Server 5.6\bin>mysqldump  -u  root  -p    xscj > d:\xscj1.sql
Enter password: ******
```

图 5-15　导出数据库

第三步：查看 D 盘根目录下是否创建了文件。

执行结果如图 5-16 所示。

xscj1.sql

图 5-16　生成的文件

2. 使用 SQL 语句备份数据表数据

语法格式如下。

```
SELECT   *
FROM   表名
INTO OUTFILE '[路径]/[文件名称].TXT';
```

【例 5-21】请将数据库"XSCJ"中的"学生基本信息表"备份到"D:/学生基本信息表.TXT"中。

第一步：先创建"学生基本信息表.TXT"。

```
SELECT   *
FROM   学生基本信息表
INTO OUTFILE 'D:/学生基本信息表.TXT';
```

执行结果如图 5-17 所示。

```
mysql> SELECT  *
    -> FROM  学生基本信息表
    -> INTO OUTFILE 'D:/学生基本信息表.TXT';
Query OK, 15 rows affected (0.00 sec)
```

图 5-17　创建文本文件

第二步：查看文件。

打开 D 盘，即可看到文件名为"学生基本信息表"的备份文本文档，如图 5-18 所示。

学生基本信息表

图 5-18　成功创建文本文件

5.3.2　还原

1. 数据库还原

数据库被备份后，如果意外丢失，我们可以通过还原命令还原数据库。

语法格式如下。

mysql　-u[用户名]　-p[密码]　[数据库名] < [路径]\[文件名称].sql

【例 5-22】请新建一个数据库"DB"，然后将"例 5-20"的备份文件还原至此数据库中。

第一步：在 MySQL 中创建数据库并查看是否为空。

```
CREATE DATABASE DB
DEFAULT CHARACTER SET gb2312
COLLATE gb2312_chinese_ci;
USE DB;
SHOW TABLES;
```

执行结果如图 5-19 所示。

```
mysql> CREATE DATABASE DB
    -> DEFAULT CHARACTER SET gb2312
    -> COLLATE gb2312_chinese_ci;
Query OK, 1 row affected (0.00 sec)

mysql> USE DB;
Database changed
mysql> SHOW TABLES;
Empty set (0.00 sec)
```

图 5-19　创建并查看数据库是否为空

第二步：打开命令提示符窗口，输入备份指令。

MYSQL -u root -p DB<d:\xscj1.sql

执行结果如图 5-20 所示。

```
C:\Program Files (x86)\MySQL\MySQL Server 5.6\bin>MYSQL -u root -p DB<d:\xscj1.sql
Enter password: ******
```

图 5-20　还原数据库

第三步：在 MySQL 中验证新建的空数据库是否已实现还原，代码如下。

```
SHOW TABLES;
```

执行结果如图 5-21 所示。

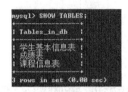

```
mysql> SHOW TABLES;
+----------------+
| Tables_in_db   |
+----------------+
| 学生基本信息表 |
| 成绩表         |
| 课程信息表     |
+----------------+
3 rows in set (0.00 sec)
```

图 5-21　查看数据库是否已还原

2. 表还原

语法格式如下。

```
LOAD　DATA　INFILE '[路径]/[文件名称].TXT'
INTO　TABLE [新表名];
```

【例 5-23】请新建一个数据表“表 1”，然后将“例 5-21”的备份文件“学生基本信息表.TXT”还原到此表中。

第一步：新建数据表“表 1”。

```
CREATE TABLE 表 1　LIKE 学生基本信息表;
```

执行结果如图 5-22 所示。

```
mysql> CREATE TABLE 表1  LIKE 学生基本信息表;
Query OK, 0 rows affected (0.01 sec)
```

图 5-22　新建“表 1”

第二步：进行还原并查看。

```
LOAD　DATA　INFILE 'D:/学生基本信息表.TXT'
INTO　TABLE 表 1;
SELECT　*
FROM　表 1;
```

执行结果如图 5-23 所示。

```
mysql> SELECT * FROM 学生基本信息表;
```

学号	姓名	性别	出生日期	民族	政治面貌	专业名称	家庭住址	联系方式	总学分	照片	备注
20200102	程明明	1	2001-02-01	汉族	共青团员	计算机应用技术	山东省济南市	133********	24	NULL	有一门功课不及格，待补考
20200103	王艳	0	2001-10-06	苗族	共青团员	计算机应用技术	北京市	133********	27	NULL	优秀班干部
20200104	韦小宝	1	2000-08-26	傣族	中共党员	计算机应用技术	上海市	133********	27	NULL	NULL
20200105	李刚	1	2000-11-20	汉族	共青团员	计算机应用技术	河南省开封市	133********	27	NULL	NULL
20200201	李明	1	2001-05-01	汉族	中共预备党员	软件技术	湖北省武汉市	133********	23	NULL	有一门功课不及格，待补考
20200202	罗旺巴珠	1	2001-08-05	藏族	中共党员	软件技术	新疆乌鲁木齐市	133********	27	NULL	NULL
20200203	张天柱	1	2000-08-11	回族	共青团员	软件技术	山东省青岛市	133********	27	NULL	NULL
20200204	张婷	0	2000-07-22	汉族	共青团员	软件技术	浙江省温州市	133********	27	NULL	校级三好学生
20200205	赵美丽	0	2001-03-18	汉族	中共预备党员	软件技术	河北省石家庄市	133********	27	NULL	NULL
20200301	严薇	0	2000-08-11	回族	共青团员	计算机网络技术	江苏省南京市	133********	22	NULL	有两门功课不及格，待补考
20200302	王倩	1	2001-06-10	汉族	共青团员	计算机网络技术	广东省深圳市	133********	27	NULL	NULL
20200303	王晴晴	1	2001-01-29	汉族	中共预备党员	计算机网络技术	山东省德州市	133********	27	NULL	建档立卡
20200304	王宏伟	1	2000-03-26	汉族	中共党员	计算机网络技术	山东省潍坊市	133********	27	NULL	NULL
20200305	阿卜杜克尤木麦麦提	0	2001-02-10	维吾尔族	共青团员	计算机网络技术	新疆石河子市	133********	27	NULL	NULL

```
14 rows in set (0.00 sec)
```

图 5-23　还原并查看表

5.4　本章小结

通过本章的学习，读者可以理解并正确使用事务，还能够为特定用户赋予特定权限，并可以对数据库进行备份和还原。

5.5　本章习题

一、简答题

1. 简述事务的定义与特性。
2. 备份方案有哪些？
3. 简述还原的意义。

二、操作题

1. 请使用事务回滚来阻止向"员工基本信息表"中插入新记录"0007，张三，男，1992-07-07，研究生，5，北京市朝阳区，78901234567"。

2. 请为本地数据库创建用户 GUEST1，密码为 123456。

3. 请授予用户' GUEST1'@'LOCALHOST'对数据库"YGGL"的所有表的查询权限。

4. 请用户名为 root（密码为 123456）的用户将数据库"YGGL"备份到 D 盘根目录下，名称为"YGGL.sql"。

5. 请新建一个数据库"YGGL2"，然后将操作题第 4 题中的备份文件还原至此数据库中。

6. 请删除用户 GUEST1。

第6章
MySQL 交互

▶ 内容导学

本章主要介绍 MySQL 交互，包括 Node.js 与 MySQL 交互、PHP 与 MySQL 交互、Python 与 MySQL 交互、Java 与 MySQL 交互。通过学习本章内容，读者将掌握 Node.js、PHP、Python、Java 的安装配置方法，掌握连接 MySQL 数据库及操作数据库的基本方法。

▶ 学习目标

① 了解 Node.js 的安装、配置方法，能搭建 Express 框架。

② 掌握 Node.js 与 MySQL 的交互方法，能使用 Node.js 对数据库进行基本操作。

③ 了解 PHP 管理工具的安装、配置方法。

④ 掌握 PHP 与 MySQL 的交互方法，能使用 PHP 对 MySQL 数据库进行操作。

⑤ 了解 Python 环境的安装、配置方法。

⑥ 掌握 Python 与 MySQL 的交互方法，能使用 Python 对 MySQL 数据库进行操作。

⑦ 了解 Java 环境的安装、配置方法。

⑧ 掌握 Java 与 MySQL 的交互方法，能使用 Java 对 MySQL 数据库进行操作。

6.1 Node.js 与 MySQL 交互

6.1.1 Node.js 安装配置

（1）Node.js 简介。

Node.js 使用先进的事件驱动、非阻塞式 I/O 模型等，使其轻量又高效，Node.js 可以在多个不同的平台稳定运行，并且具有良好的兼容性。

（2）下载 Node.js。

Node.js 可以在 Windows 系统中稳定运行。本节主要介绍 Windows10 系统中 Node.js 的安装配置。首先从 Node.js 官方网站下载基于 Windows 操作系统的安装包，这里我们下载的是 node- v16.10.0-x64.msi 版本，如图 6-1 所示。

（3）运行安装包，显示图 6-2 所示的界面，单击"Next"按钮进入下一步。

（4）在弹出的界面中，勾选复选框"I accept the terms in the License Agreement"，单击"Next"按钮，如图 6-3 所示。

（5）选择安装目录，Node.js 默认的安装目录为"C:\Program Files\nodejs\"，单击"Change"按钮可修改安装目录。例如，修改安装目录为"D:\Program Files\nodejs\"，单击"Next"按钮，如图 6-4 所示。

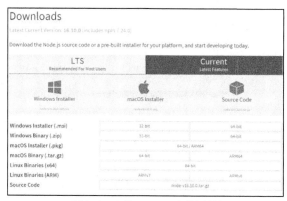

图 6-1　下载 Node.js 安装包地址

图 6-2　Node.js 欢迎界面

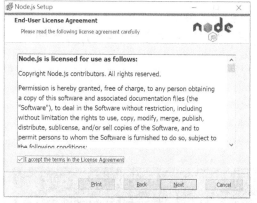

图 6-3　选择接受协议界面

图 6-4　修改安装目录界面

（6）单击树形图标选择安装模式，然后单击"Next"按钮，如图 6-5 所示。

（7）勾选安装本机模块工具复选框后单击"Next"按钮，如图 6-6 所示。

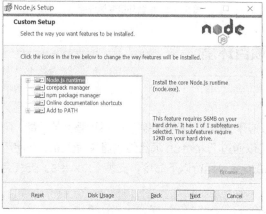

图 6-5　选择安装模式界面

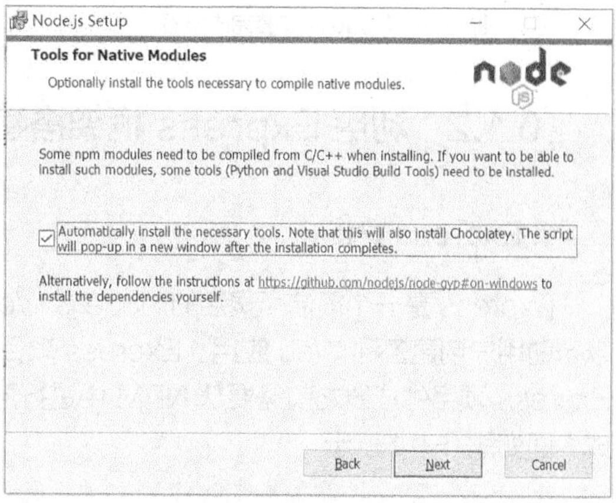

图 6-6　选择模块工具界面

（8）在弹出的界面中，单击"Install"按钮开始安装，如图 6-7 所示。

（9）安装 Node.js 的界面如图 6-8 所示。

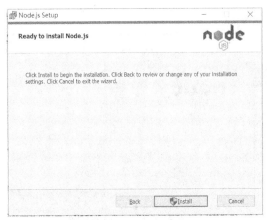

图 6-7 开始安装 Node.js 界面

图 6-8 Node.js 安装界面

（10）单击"Finish"按钮，完成 Node.js 安装，如图 6-9 所示。

（11）Node.js 安装完成后，配置环境变量，打开 cmd 窗口，输入 node -v，显示图 6-10 所示内容，则安装成功。

图 6-9 Node.js 安装完成界面

图 6-10 配置环境变量界面

6.1.2 利用 Express 框架搭建项目环境

1. Express 安装

Express 是一个简洁而灵活的 Node.js Web 应用框架，此框架提供了一系列强大的功能，可以帮助用户创建各种 Web 应用。Express 项目可以通过 Express 项目生成器快速生成。在使用 Express 项目生成器之前需要从 NPM 中进行下载安装。运行以下命令，安装 Express。安装完成界面如图 6-11 所示。

```
$npm install–g express-generator
```

该命令将 Express 框架安装在当前目录的 node_modules 目录中，在 node_modules 目录下会自动创建 express 目录。以下几个重要的模块需要与 Express 框架一起安装。

（1）body-parser node.js 中间件：用于处理 JSON、Raw、Text 和 URL 编码的数据。

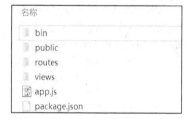

图 6-11　Express 安装完成界面

（2）cookie-parser：一个解析 Cookie 的工具。通过 req.cookies 可以获取传过来的 cookie（数据），并将数据转成对象。

（3）multer-node.js 中间件：用于处理 enctype="multipart/form-data"（设置表单的 MIME 编码）的表单数据。

以上 3 个模块的安装命令如下。

```
$ npm install body-parser --save
$ npm install cookie-parser --save
$ npm install multer --save
```

安装完成后，使用以下命令生成一个使用 ejs 模板的 Express 项目。

```
$express --view=ejs MyNode
```

此时会在使用该命令的文件夹中自动创建一个名为 MyNode 的文件夹，即项目文件夹，MyNode 文件夹的项目目录如图 6-12 所示。在这个项目目录中，public 文件夹为静态资源文件夹，routes 文件夹为路由文件夹，views 文件夹为 ejs 模板文件夹。

名称
bin
public
routes
views
app.js
package.json

图 6-12　MyNode 文件夹的项目目录

2. Express 框架实例

使用 Express 框架输出"Hello World"。该实例中引入 Express 模块，并在客户端发起请求，响应"Hello World"字符串。创建 express_test.js 文件，代码如下。

```
var http = require('http');
http.createServer(function (request, response) {
response.writeHead(200, {'Content-Type': 'text/plain'});
response.end('Hello World\n');
}).listen(8081);
console.log('Server running at http://localhost:8081/');
```

执行以上代码后，输入以下命令。

```
$ node express_test.js
```

在 command prompt 窗口中可以看到如下信息。

123

Server running at **http://localhost:8081/**

打开浏览器，在地址栏中输入"localhost:8081"，如果在浏览器中能够显示"Hello World"，这说明 Node 平台安装成功，并能运行 Node.js 程序，如图 6-13 所示。

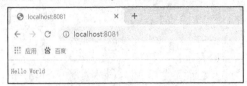

图 6-13　浏览器访问结果

6.1.3　连接 MySQL 数据库

1. 连接数据库

创建 test.js 文件，服务器为 localhost，用户名为 root，密码为 123456，数据库名为 student。test.js 文件代码如下。

```
var MySQL = require('MySQL');
var connection = MySQL.createConnection({
    host: 'localhost',
    user:'root',
    password:'123456',
    database:'student'
});
connection.connect();
connection.query('SELECT 1 + 1 AS result', function (error, results, fields) {
    if (error) throw error;
    console.log('The result is: ', results[0].result);
});
```

执行以下命令。

```
$ node test.js
```

输出结果如下。

The result is:2

2. 数据库连接参数说明

数据库连接参数如表 6-1 所示。

表 6-1　　　　　　　　　　　　　　　　数据库连接参数

序号	参数名称	说明
1	host	主机地址　（默认：localhost）
2	user	用户名
3	password	密码
4	port	端口号（默认：3306）

续表

序号	参数名称	说明
5	database	数据库名
6	charset	连接字符集（默认：'UTF8_GENERAL_CI'，注意字符集的字母都要大写）
7	localAddress	此 IP 用于 TCP 连接（可选）
8	socketPath	连接到 UNIX 域路径，当使用 host 和 port 时，该参数会被忽略
9	timezone	时区（默认：'local'）
10	connectTimeout	连接超时（默认为不限制，单位为毫秒）
11	stringifyObjects	是否序列化对象
12	typeCast	是否将列值转化为本地 JavaScript 类型值（默认：true）
13	queryFormat	自定义 query 语法格式化方法
14	supportBigNumbers	当数据库支持 bigint 或 decimal 类型列时，需要将此选项设为 true（默认：false）
15	bigNumberStrings	supportBigNumbers 和 bigNumberStrings 强制 bigint 或 decimal 列以 JavaScript 字符串类型返回（默认：false）
16	dateStrings	强制 timestamp、datetime、data 类型以字符串类型返回，而不是以 JavaScript Date 类型返回（默认：false）
17	debug	开启调试（默认：false）
18	multipleStatements	是否允许一个 query 中有多条 MySQL 语句（默认：false）
19	flags	用于修改连接标识
20	ssl	使用 ssl 参数（与 crypto.createCredenitals 参数格式一致）或一个包含 ssl 配置文件名称的字符串，目前只捆绑 Amazon RDS 的配置文件

6.1.4　对数据进行"增删改查"操作

我们以 MySQL 中的 student 数据库为例，对数据库进行"增删改查"操作。在 student 数据库中已创建数据表"课程信息表"（课程号、课程名、开课学期、学时、学分）。MySQL 用户名为 root，密码为 123456。

1. 插入数据

【例 6-1】向 student 数据库的"课程信息表"中插入数据，以下是插入数据文件代码（insert.js）。

```
var MySQL = require('MySQL');
var connection = MySQL.createConnection({
    host: 'localhost',
    user: 'root',
    password: '123456',
    port: '3306',
    database: 'student'
});
connection.connect();
var Sql = 'INSERT INTO 课程信息表(课程号,课程名,开课学期,学时,学分) VALUES(?, ?, ?, ?, ?)';
varSqlParams = ['101','MySQL',3,'64',4];
//插入数据
connection.query(Sql, SqlParams,function(err,result){
    if(err){
        console.log('[INSERT ERROR] - ',err.message);
```

```
        return;
    }
    console.log('INSERT ID:',result);
});
connection.end();
```

执行以下命令。

```
$ node insert.js
```

输出结果如下。

```
INSERT ID: OkPacket {
    fieldCount: 0,
    affectedRows: 1,
    insertId:6,
    serverStatus: 2,
    warningCount: 0,
    message: '',
    protocol41: true,
    changedRows:0}
```

2. 查询数据

【例 6-2】查询 student 数据库的"课程信息表"中的数据，以下是查询数据文件代码（select. js）。

```
var MySQL= require('MySQL');
var connection = MySQL.createConnection({
    host: 'localhost',
    user: 'root',
    password: '123456',
    port: '3306',
    database: 'student'
});
connection.connect();
var sql = 'SELECT * FROM 课程信息表';
//查询数据
connection.query(sql,function(err,result) {
    if(err){
        console.log('[SELECT ERROR] – ',err.message);
        return;
    }
        console.log(result);
});
connection.end();
```

执行以下命令。

```
$ node select.js
```

输出结果如下。

```
[ RowDataPacket {
    课程号: 101,
    课程名: 'MySQL',
    开课学期: 3,
    学时: '64',
    学分: 4 } ]
```

3. 更新数据

【例 6-3】更新对数据库 student 中的"课程信息表"数据，以下是更新数据文件代码（update.js）。

```
var MySQL = require('MySQL');
var connection = MySQL.createConnection({
    host: 'localhost',
    user: 'root',
    password: '123456',
    port: '3306',
    database: 'student'
});
connection.connect();
var Sql = 'UPDATE 课程信息表  SET 课程名= ?,开课学期=?,学时=?,学分=? WHERE 课程号= ?';
var SqlParams = ['MySQL',4, '64',  4];
connection.query(Sql, SqlParams, function(err, result) {
    if(err){
        console.log('[UPDATE ERROR] – ',err.message);
        return;
    }
    console.log('UPDATE Rows', result.affectedRows);
});
connection.end();
```

执行以下命令。

```
$ node update.js
```

输出结果如下。

UPDATE Rows 1

4. 删除数据

【例 6-4】删除数据库 student 中的"课程信息表"的数据，以下是删除数据文件代码（delete.js）。

```
var MySQL = require('MySQL');
var connection = MySQL.createConnection({
    host: 'localhost',
    user: 'root',
    password: '123456',
    port: '3306',
    database: 'student'
});
connection.connect();
var Sql = 'DELETE FROM 课程信息表 WHERE 课程号=101';
//删除数据
connection.query(delSql,  function (err,result) {
```

```
if(err){
        console.log('[DELETE ERROR] - ',err.message);
        return;
    }
    console.log('DELETE Rows',result.affectedRows);
});
connection.end();
```

执行以下命令。

```
$ node delete.js;
```

输出结果如下。

DELETE Rows 1

6.2 PHP 与 MySQL 交互

6.2.1 XAMPP 安装及配置

（1）下载 XAMPP for Windows 安装程序。

XAMPP 支持 Windows 系统，下载 XAMPP for Windows 安装程序，如图 6-14 所示。

（2）选择 XAMPP 版本，如图 6-15 所示。

图6-14 下载 XAMPP for Windows 安装程序界面

图6-15 选择 XAMPP 的版本界面

（3）选择 xampp-portable-windows-x64-7.4.18-0-VC15-installer.exe 进行下载，如图 6-16 所示。

（4）XAMPP 的安装。

① 运行安装文件后将出现欢迎界面，单击"Next"按钮，如图 6-17 所示。

② 选择安装组件，全部安装后单击"Next"按钮，如图 6-18 所示。

③ 安装目录最好选择 D 盘，只需要选择驱动器，安装程序会自动创建 xampp 目录，然后单击"Next"按钮，如图 6-19 所示。

图6-16 选择下载软件界面

图 6-17　欢迎界面

图 6-18　选择安装组件界面

④ 单击 "Next" 按钮，等待安装完成，如图 6-20 所示。

图 6-19　选择路径界面

图 6-20　安装过程界面

⑤ 勾选 "Do you want to start the Control Panel now？" 选项，单击 "Finish" 按钮完成安装，如图 6-21 所示。

（5）XAMPP 控制面板。

XAMPP 控制面板用于测试安装是否成功，分别单击 "Apache" "MySQL" 后面的 "Start" 按钮即可启动 Apache 或 MySQL，如图 6-22 所示。

图 6-21　安装完成界面

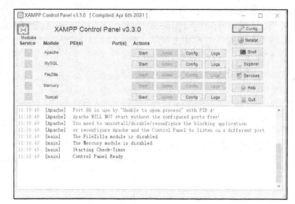

图 6-22　XAMPP 控制面板

从图 6-22 中我们可以发现 XAMPP 的一些基本控制功能，第一列为服务（开机时启动），不

129

建议选择，这样在不使用 XAMPP 时更节省资源。

6.2.2 连接 MySQL 数据库

PHP5 及以上版本有两种连接 MySQL 数据库的方式：MySQLi 和 PDO（PHP Data Objects），现在以 MySQLi 为例实现 PHP 与 MySQL 的连接。

1. MySQLi extension 安装

多数情况下 MySQLi 是自动安装的。安装是否成功可通过 phpinfo()方法查看，MySQLi 安装界面如图 6-23 所示。

MySQLi	
MySqli Support	enabled
Client API library version	mysqlnd 5.0.11-dev - 20120503 - $Id: f373ea5dd55387614 06a8022a4b8a374418b240e $
Active Persistent Links	0
Inactive Persistent Links	0
Active Links	0

Directive	Local Value	Master Value
mysqli.allow_local_infile	On	On
mysqli.allow_persistent	On	On

图 6-23　MySQLi 安装界面

2. MySQLi 连接 MySQL

MySQLi 连接 MySQL 有两种方式，一种是面向对象，另一种是面向过程。

【例 6-5】在访问 MySQL 数据库前，需要先连接到数据库服务器，本实例的 MySQL 数据库用户名为 root，密码为 123456。

（1）MySQLi——面向对象

代码如下。

```php
<?php
$servername="localhost";
$username="root";
$password="123456";
//创建连接
$conn = new mysqli($servername,$username,$password);
//检测连接
if($conn->connect_error){
die("连接失败:" .$conn->connect_error);
}
echo "连接 MySQL 成功";
?>
```

运行结果如图 6-24 所示。

图 6-24　通过面向对象方式连接 MySQL 数据库

> **注意** **如果需要兼容更早版本，需使用以下代码替换。**
>
> ```
> //检测连接
> if (MySQLi_connect_error()) {
>   die("数据库连接失败: " . MySQLi_connect_error());
> }
> ```

（2）MySQLi——面向过程

代码如下。

```php
<?php
$servername = "localhost";
$username = "root";
$password = "123456";
//创建连接
$conn = MySQLi_connect($servername,$username,$password);
//检测连接
If(!$conn){
die("Connection failed: " . MySQLi_connect_error());
}
echo "面向过程连接 MySQL 成功";
?>
```

运行结果如图 6-25 所示。

图 6-25　通过面向过程方式连接 MySQL 数据库

3. MySQLi 关闭连接

连接在脚本执行完毕后会自动关闭，也可以使用以下两种方式来关闭连接。

（1）MySQLi——面向对象

代码如下。

```
$conn->close();
```

（2）MySQLi——面向过程

代码如下。

```
MySQLi_close($conn);
```

6.2.3　对数据进行"增删改查"操作

1. 使用 MySQLi 向 MySQL 数据库中插入数据

插入数据（INSERT INTO）语句通常用于向 MySQL 表添加新的记录，语法格式如下。

```
INSERT INTO table_name (column1, column2, column3, ...)
    VALUES (value1, value2, value3, ...)
```

【例6-6】在前面的章节中，我们已经在 MySQL 的 student 数据库中创建了"课程信息表"，表字段有："课程号""课程名""开课学期""学时"和"学分"。下面使用以下两种方式向表中插入数据。

（1）MySQLi——面向对象

代码如下。

```
<?php
$servername="localhost";
$username ="root";
$password ="123456";
$dbName="student";

//创建连接
$conn = new mysqli($servername,$username,$password,$dbName);
// 检测连接
if ($conn->connect_error) {
    die("连接失败: ".$conn->connect_error);
}
$sql = "INSERT INTO  课程信息表(课程号,课程名,开课学期,学时,学分)
VALUES('102','C 语言', 1,'64',4)";
if ($conn->query($sql) === TRUE){
    echo "新记录插入成功";
} else {
    echo "Error:". $sql . "<br>". $conn->error;
}
$conn->close();
?>
```

（2）MySQLi——面向过程

代码如下。

```
<?php
$servername = "localhost";
$username = "root";
$password = "123456";
$dbName="student";
//创建连接
$conn = MySQLi_connect($servername,$username,$password,$dbName);
// 检测连接
If(!$conn){
    die("Connection failed: " . MySQLi_connect_error());
    }

$sql = "INSERT INTO  课程信息表(课程号,课程名,开课学期,学时,学分)
VALUES('103','PHP', 1,'64',3)";
if (mysqli_query($conn, $sql)){
    echo "新记录插入成功";
} else {
```

```
        echo "Error:". $sql . "<br>". $conn->error;
    }
    mysqli_close($conn);
    ?>
```

2. 使用 MySQLi 从 MySQL 表中删除数据

DELETE 语句用于删除数据库中的数据，语法格式如下。

```
DELETE FROM table_name
        WHERE some_column = some_value
```

 注意 DELETE 语法中的 WHERE 子句规定了删除记录的条件。如果省去 WHERE 子句，所有的记录都会被删除。PHP 使用 MySQLi_query()函数执行上面的语句，该函数用于向 MySQL 连接发送查询或命令。

【例 6-7】删除"课程信息表"中所有课程号='103'的记录

（1）MySQLi——面向对象

代码如下。

```
<?php
// 数据删除
// 面向对象
$servername="localhost";
$username ="root";
$password ="123456";
$dbName="student";
//创建连接
$conn = new mysqli($servername,$username,$password,$dbName);
//检测连接
if ($conn->connect_error) {
    die("连接失败: ".$conn->connect_error);
}
$sql = 'DELETE FROM 课程信息表 WHERE 课程号 ="103"';

if ($conn->query($sql) === TRUE){
    echo "删除成功";
} else {
    echo "Error:". $sql . "<br>". $conn->error;
}
$conn->close();
?>
```

（2）MySQLi——面向过程

代码如下。

```
<?php
//数据删除
//面向过程
```

```
$servername="localhost";
$username ="root";
$password ="123456";
$dbName="student";
//创建连接
$conn = MySQLi_connect($servername,$username,$password,$dbName);
//检测连接
if (!$conn){
    die("连接失败: " . MySQLi_connect_error());
}
$sql = 'DELETE FROM 课程信息表 WHERE 课程号 ="103"';

$re = MySQLi_query($conn,$sql);
if($re){
    echo "删除成功";
}else{
    echo "Error: " . $sql . "<br>" . mysqli_error($conn);
}
MySQLi_close($conn);
?>
```

3. 使用MySQLi更新MySQL表中的数据

UPDATE 语句用于更新 MySQL 表中的数据，语法格式如下。

```
UPDATE table_nameSET column1=value,column2=value2,...
    WHERE some_column=some_value
```

 注意 UPDATE 语法中的 WHERE 子句规定了哪些记录需要更新。如果省略 WHERE 子句，则会更新表中的所有记录。PHP 使用 MySQLi_query()函数执行上面的语句，该函数用于向 MySQL 发送查询命令。

【例 6-8】更新"课程信息表"中所有课程号为"102"的记录。
（1）MySQLi——面向对象
代码如下。

```
<?php
//面向对象
$servername="localhost";
$username ="root";
$password ="123456";
$dbName="student";
//创建连接
$conn = new mysqli($servername,$username,$password,$dbName);
//检测连接
if ($conn->connect_error) {
    die("连接失败: ".$conn->connect_error);
}
```

```php
$sql = 'UPDATE 课程信息表 SET 学时 =50 WHERE 课程号 ="102"';

if ($conn->query($sql) === TRUE){
    echo "更新成功";
} else {
    echo "Error:". $sql . "<br>". $conn->error;
}
$conn->close();
?>
```

（2）MySQLi——面向过程

代码如下。

```php
<?php
//面向过程
$servername="localhost";
$username ="root";
$password ="123456";
$dbName="student";
//创建连接
$conn = MySQLi_connect($servername,$username,$password,$dbName);
//检测连接
if (!$conn){
    die("连接失败: " . MySQLi_connect_error());
}
$sql = 'UPDATE 课程信息表 SET 学时 =51 WHERE 课程号 ="102"';
$re = MySQLi_query($conn,$sql);
if($re){
    echo "更新成功";
}else{
    echo "Error: " . $sql . "<br>" . mysqli_error($conn);;
}
MySQLi_close($conn);
?>
```

4. 使用 MySQLi 从 MySQL 数据库中读取数据

SELECT 语句用于从数据库中选取数据，语法格式如下。

```
SELECT column_name(s) FROM table_name
    WHERE column_name operator value
    ORDER BY column_name(s) ASC|DESC
```

注意

SQL 语句对大小写不敏感，因此 SELECT 与 select 等效。

为了让 PHP 执行上面的语句，可以使用 MySQL_query() 函数向 MySQL 发送查询命令。

【例 6-9】从 student 数据库的"课程信息表"中读取"课程号"和"课程名"两个字段的数据并显示。

（1）MySQLi——面向对象

代码如下。

```php
<?php
//面向对象
$servername="localhost";
$username ="root";
$password ="123456";
$dbName="student";
//创建连接
$conn = new mysqli($servername,$username,$password,$dbName);
//检测连接
if ($conn->connect_error) {
    die("连接失败: ".$conn->connect_error);
}
$sql = 'SELECT 课程号,课程名 FROM 课程信息表';
$result= $conn->query($sql);
if($result->num_rows>0){
    while($row =$res->fetch_assoc()){
        echo '课程号：'.$row['课程号'].'——课程名：'.$row['课程名'].'</br>';
    }
}else{
    echo "没有查询到数据";
}
$conn->close();
?>
```

说明如下。

- 设置 SQL 语句从 student 数据库的"课程信息表"中读取"课程号"和"课程名"两个字段。使用 SQL 语句从数据库中获取结果集并赋给变量$result。
- 函数 num_rows()的作用是判断返回的数据。
- 如果返回的是多条数据，函数 fetch_assoc()会将结果集放入关联数组并循环输出。
- while()的作用是循环输出结果集。

（2）MySQLi——面向过程

代码如下。

```php
<?php
//面向过程
$servername="localhost";
$username ="root";
$password ="123456";
$dbName="student";
//创建连接
$conn = MySQLi_connect($servername,$username,$password,$dbName);
//检查连接
if (!$conn){
    die("连接失败: " . MySQLi_connect_error());
```

```
}
$sql = 'SELECT 课程号,课程名 FROM 课程信息表';
$result = MySQLi_query($conn,$sql);
if (MySQLi_num_rows($result) > 0) {
//输出数据
while($row = MySQLi_fetch_assoc($result)){
    echo '课程号: '.$row['课程号'].' ——课程名: '.$row['课程名'].'</br>';
}
} else{
    echo "没有查询到数据";
}
MySQLi_close($conn); MySQLi_close($conn);
?>
```

6.3 Python 与 MySQL 交互

6.3.1 Python 环境安装

1. Python 简介

Python 是一门结合了解释性、编译性、互动性的脚本语言，也是一种面向对象的脚本语言。Python 语言具有很强的可读性，具有比其他语言更有特色的语法结构。具体特点如下。

（1）Python 是一种解释型语言，类似于 PHP 和 Perl 语言。

（2）Python 是交互式语言，可以在一个 Python 提示符后直接执行代码。

（3）Python 是面向对象的语言。

（4）Python 非常适用初学者。

2. Python 的下载与安装

（1）从 Python 官网下载基于 Windows 操作系统的 Python 安装文件，这里下载的是 Python 3.9.5 版本，如图 6-26 所示。

（2）下载完成后，运行文件 python-3.9.5.exe，进入 Python 系统安装界面，勾选"Add Python 3.9 to PATH"，并使用默认的安装路径，如图 6-27 所示。

图 6-26　Python 下载界面

图 6-27　选择安装方式界面

（3）单击"Install Now"选项，进入系统安装界面，如果要设置安装路径和其他特性，可以选择"Customize installation"选项，安装过程界面如图 6-28 所示。

（4）安装完成后单击"Close"按钮，如图 6-29 所示。

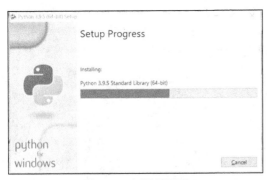

图 6-28　安装过程界面

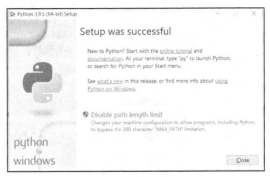

图 6-29　安装完成界面

（5）安装完成后在 Windows 开始菜单中，选择"Python 3.9"菜单，如果出现图 6-30 所示界面，说明 Python 安装成功。

图 6-30　Python 交互界面

6.3.2　连接 MySQL 数据库

1. PyMySQL 驱动简介

PyMySQL 是在 Python 3.x 版本中用于连接 MySQL 服务器的模块，PyMySQL 遵循 Python 数据库 API v2.0 规范，并包含了 pure-PythonMySQL 客户端库。

使用 PyMySQL 将更加方便，PyMySQL 是完全使用 Python 语言编写的，避免了 MySQLdb 跨系统分别安装的麻烦。

PyMySQL 适用环境：Python 版本不低于 2.6 或 3.3，MySQL 版本不低于 4.1。

2. PyMySQL 安装

在使用 PyMySQL 之前，需确保 PyMySQL 已经安装，如果还未安装，可以在命令行下执行如下命令。

```
pip install pymysql3
```

或

```
python.exe -m pip install pymysql
```

如果显示图 6-31 所示界面，说明 PyMySQL 安装成功。

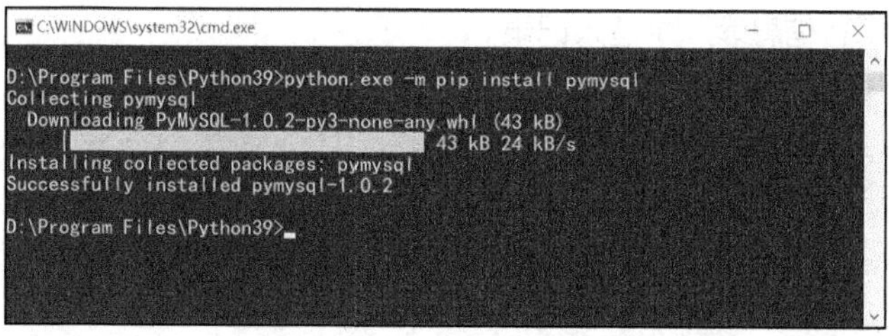

图 6-31　PyMySQL 安装界面

3. 数据库连接

在前面已经在 MySQL 的 student 数据库中创建了"课程信息表"，表字段为：课程号，课程名，开课学期，学时，学分。

连接数据库的用户名为 root，密码为 123456，MySQL 数据库用户授权使用 Grant 命令。示例代码如下。

```
#pymysql 模块
import pymysql
#打开数据库连接
db = pymysql.connect(host='localhost', user='root',password='123456', database='student')
#使用 cursor()方法创建一个游标对象 cursor
cursor = db.cursor()
#使用 execute()方法执行 SQL 查询
cursor.execute("SELECT VERSION()")
#使用 fetchone() 方法获取单条数据
data = cursor.fetchone()
print ("Database version : %s "   % data)
# 关闭数据库连接
db.close()
```

执行以上代码，输出结果如图 6-32 所示。

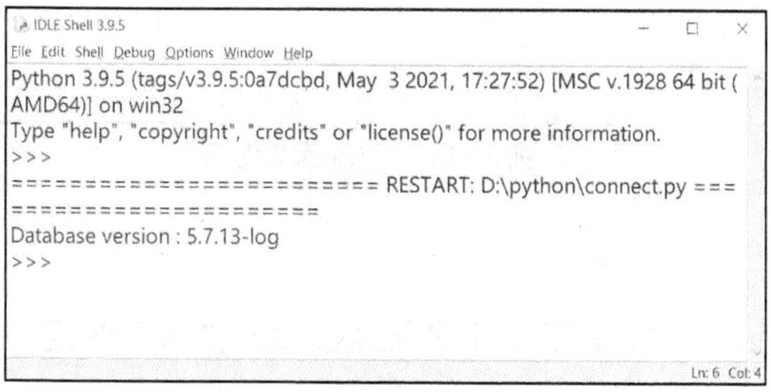

图 6-32　连接 MySQL 成功界面

6.3.3　对数据进行"增删改查"操作

1. 数据库插入操作

使用 SQL INSERT 语句可以向数据库 student 中插入数据。

【例6-10】向"课程信息表"中插入记录。

```
#pymysql 模块
import pymysql
#打开数据库连接
db = pymysql.connect(host='localhost', user='root',password='123456', database='student')
#使用 cursor()方法创建一个游标对象 cursor
cursor = db.cursor()
#SQL 插入语句
sql = "INSERT INTO  课程信息表(课程号,课程名,开课学期,学时,学分)
    VALUES('105','python', 4,'64','4')"
try:
    #执行 SQL 语句
    cursor.execute(sql)
    #提交到数据库执行
    db.commit()
    print ("插入操作成功! ")
except:
    #如果发生错误则回滚
    db.rollback()
    print ("插入操作失败! ")
 # 关闭数据库连接
db.close()
```

执行以上代码，输出结果如图 6-33 所示。

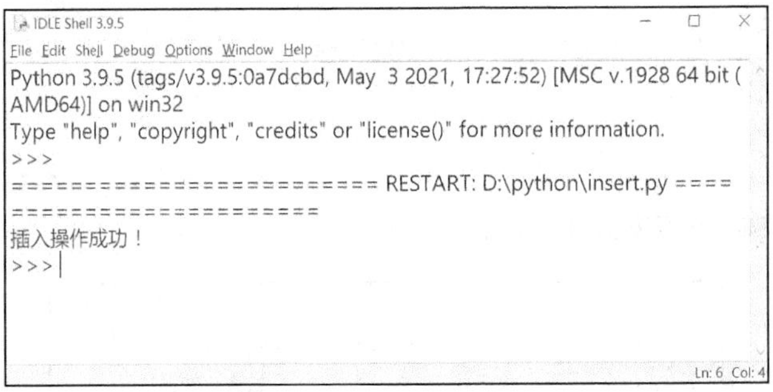

图 6-33　插入记录界面

2. 数据库查询操作

Python 使用 fetchone()方法获取 MySQL 数据库中的单条数据,使用 fetchall()方法获取多条数据。

（1）fetchone(): 该方法获取下一个查询结果集, 结果集是一个对象。

（2）fetchall(): 接收全部的返回结果行。

【例6-11】查询"课程信息表"中课程号为"105"的所有数据。

```
#pymysql 模块
import pymysql
#打开数据库连接
```

```
db = pymysql.connect(host='localhost', user='root',password='123456', database='student')
#使用 cursor()方法获取操作游标
cursor = db.cursor()
#SQL 查询语句
sql = "SELECT * FROM 课程信息表 WHERE 课程号 = %s"  % ('105')
try:
    #执行 SQL 语句
    cursor.execute(sql)
    #获取所有记录列表
    results = cursor.fetchall()
    for row in results:
        课程号 = row[0]
        课程名 = row[1]
        开课学期 = row[2]
        学时 = row[3]
        学分 = row[4]
        # 打印结果
        print ("课程号=%s，课程名=%s，开课学期=%s，学时=%s，学分=%s" %\
            (课程号,课程名,开课学期,学时,学分))
except:
        print("错误: 没有符合条件的数据")
# 关闭数据库连接
db.close()
```

执行以上代码，输出结果如图 6-34 所示。

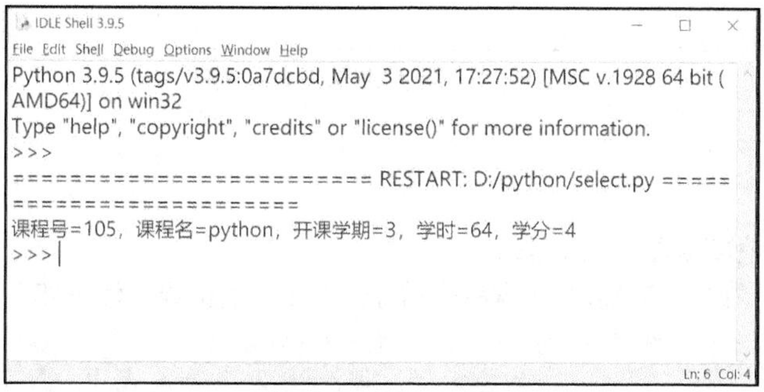

图 6-34　查询 MySQL 信息界面

3. 数据库更新操作

更新操作用于更新数据表的数据。

【例 6-12】将"课程信息表"中课程号为"105"的学分字段值+1，代码如下。

```
#pymysql 模块
import pymysql
#打开数据库连接
db = pymysql.connect(host='localhost', user='root',password='123456', database='student')
#使用 cursor()方法获取操作游标
cursor = db.cursor()
```

```
#SQL 查询语句
#sql = "SELECT * FROM 课程信息表 WHERE 课程号 = %s"  % ('105')
sql = "UPDATE 课程信息表 SET 学分 = 学分 + 1 WHERE 课程号 = %s"  % ('105')
try:
    #执行 SQL 语句
    cursor.execute(sql)
    #提交到数据库执行
    db.commit()
    print("保存操作成功！")
except:
    #发生错误时回滚
    db.rollback()
    print("保存操作失败！")
    # 关闭数据库连接
db.close()
```

执行以上代码，输出结果如图 6-35 所示。

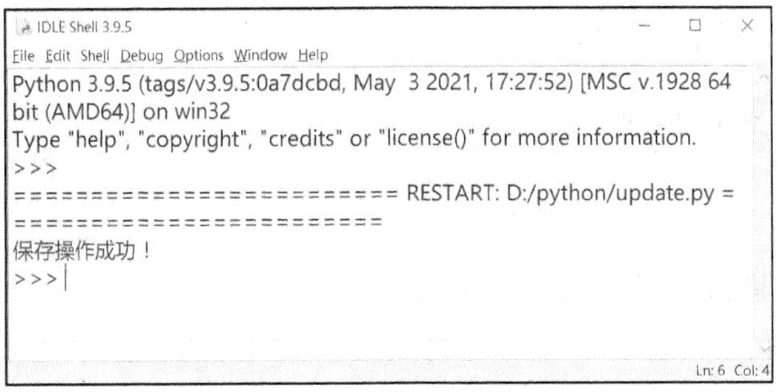

图 6-35　保存 MySQL 信息界面

4. 删除操作

删除操作用于删除数据表中的数据。

【例 6-13】删除"课程信息表"中课程号等于"105"的记录，代码如下。

```
#!/usr/bin/python3
import pymysql
# 打开数据库连接
db = pymysql.connect(host='localhost', user='root',password='123456', database='student')
# 使用 cursor()方法获取操作游标
cursor = db.cursor()
# SQL 删除语句
sql = "DELETE FROM 课程信息表 WHERE 课程号= %s" % ('105')
try:
    # 执行 SQL 语句
    cursor.execute(sql)
    # 提交修改
    db.commit()
except:
```

```
# 发生错误时回滚
db.rollback()

# 关闭连接
db.close()
```

执行以上代码，输出结果如图 6-36 所示。

图 6-36　删除 MySQL 信息界面

6.4　Java 与 MySQL 交互

6.4.1　Java 环境安装

1. JDK 的下载与安装

（1）从官方网站下载 JDK（Java Development Kit，Java 开发工具包），如图 6-37
所示。

（2）单击下载 Java SE，如图 6-38 所示。

图 6-37　JDK 下载地址界面　　　　　　　　图 6-38　下载 Java SE 界面

（3）跳转界面后，向下滑动界面，找到 Windows x64 安装程序，如图 6-39 所示。

（4）在弹出的新界面中选中"我查看并接受了 Oracle Java SE 的 Oracle 技术网许可协议"
复选框，单击下载，等待下载完成，如图 6-40 所示。

图6-39 选择 Windows x64 安装程序界面

图6-40 接受许可协议界面

（5）下载完成后运行软件，如图6-41所示。

图6-41 运行软件界面

（6）单击"下一步"按钮，如图6-42所示。

（7）如果需更改安装路径，则可单击"更改"按钮，更改完成后单击"下一步"按钮，如图6-43所示。

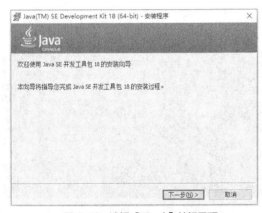

图6-42 选择"下一步"按钮界面

图6-43 更改安装路径界面

（8）等待安装完成，如图6-44所示。

（9）完成安装后单击"关闭"按钮，如图6-45所示。

图 6-44　安装进程界面

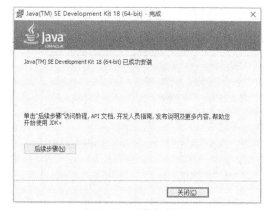

图 6-45　安装完成界面

2. 环境变量的配置与测试

（1）单击 Windows 标识打开"开始"菜单，单击"设置"按钮，进入设置界面，如图 6-46 所示。

（2）在 Windows 设置界面上双击"系统"图标，如图 6-47 所示。

图 6-46　系统设置界面

图 6-47　Windows 设置界面

（3）在左侧侧边栏中选择"关于"选项，如图 6-48 所示。

（4）在界面右侧选择"高级系统设置"，如图 6-49 所示。

图 6-48　选择"关于"选项界面

图 6-49　选择"高级系统设置"界面

（5）选择"高级"选项卡，单击"环境变量"按钮，如图 6-50 所示。

（6）在窗口中单击"新建"按钮，新建一个环境变量，如图 6-51 所示。

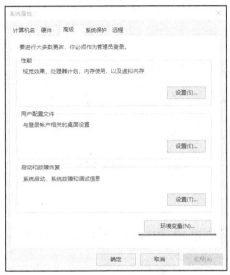

图 6-50 "环境变量"界面　　　　　　　　　图 6-51 新建"环境变量"界面

（7）在变量名中输入 JAVA_HOME，在变量值中输入 JDK 的安装位置中 jdk-xxxxx 文件的位置，默认为 C:\Program Files\Java\jdk-16.0.1（也可通过左下角的"浏览目录"选择该文件夹），单击"确定"按钮，如图 6-52 和图 6-53 所示。

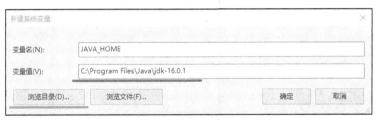

图 6-52 新建系统变量（1）

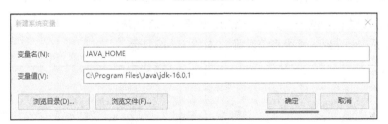

图 6-53 新建系统变量（2）

（8）在系统变量中找到 Path，双击"编辑"按钮，如图 6-54 所示。

（9）单击"新建"按钮，输入"%JAVA_HOME%\BIN"，单击"确定"按钮，如图 6-55 所示。

（10）再次单击"环境变量"窗口右下角的"新建"按钮，新建系统变量，如图 6-56 所示。

（11）设置变量名为 CLASSPATH，变量值为"；JAVA_HOME%\lib\dt.jar;%JAVA_HOME%\lib\tools.jar"。单击"确定"按钮，如图 6-57 所示。

图 6-54 编辑 Path 界面

图 6-55 设置 Path 界面

图 6-56 新建 CLASSPATH 界面

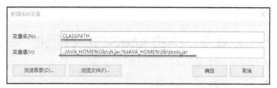

图 6-57 设置系统变量 CLASSPATH 界面

（12）按<Windows+R>组合键打开"运行"窗口，输入"cmd"，单击"确定"按钮，如图 6-58 所示。

图 6-58 "运行"窗口

（13）在新界面输入"java"，按<Enter>键，查看界面是否显示图 6-59 所示内容。

（14）再输入"javac"，按<Enter>键，查看是否显示图 6-60 所示内容，如果验证无误，则配置完成。

图 6-59　检查 java 配置

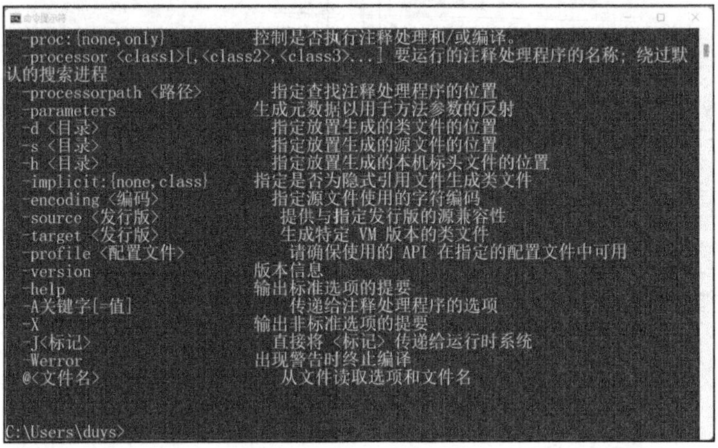

图 6-60　配置成功后的界面

6.4.2　连接 MySQL 数据库

1. 下载 jar 库文件

（1）Java 连接 MySQL 数据库需要驱动包，我们可以从 Java 官方网站下载并解压驱动包，获取 jar 库文件，然后在对应的项目中导入该库文件，如图 6-61 所示。

图 6-61　驱动包下载地址界面

（2）本实例使用的是 Eclipse，导入 jar 包：mysql-connector-java-5.1.39-bin.jar，如图 6-62 所示。

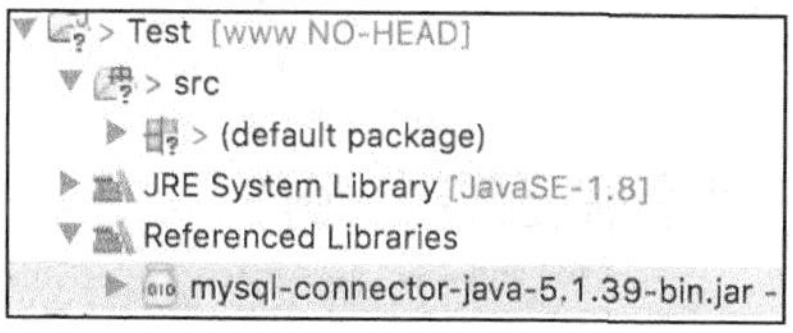

图 6-62　导入 jar 包

（3）加载驱动与连接数据库的方式如下。

```
Class.forName("com.MySQL.cj.jdbc.Driver");
conn = DriverManager.getConnection("jdbc:MySQL://localhost:3306/test_demo?
useSSL=false&allowPublicKeyRetrieval=true&serverTimezone=UTC", "root", "password");
```

2. 连接数据库

以下实例使用了 JDBC 连接 MySQL 数据库 [用户名和密码需要根据开发环境来配置，数据库表（课程信息表）包含字段：课程号、课程名、开课学期、学时和学分]，程序执行后输出结果。

MySQLConn.java 文件代码如下。

```
package com.sg.test;
import java.sql.Connection;
import java.sql.DriverManager;
import java.sql.SQLException;

publicclassMySQLConn{
publicstaticvoidmain(String[ ] args)
        String DRIVER = "com.mysql.jdbc.Driver";
        String URL = "jdbc:mysql://localhost:3306/student";
//数据库用户名
        String Username = "root";
//数据库密码
        String Password = "123456";
        //定义一个数据库连接
        Connection conn = null;
try{
        //加载 MySQL 驱动程序
        Class.forName(DRIVER).newinstance();
//与 MySQL 数据库建立连接
        conn = DriverManager.getConnection(URL,Username,Password);
        System.out.println("数据库连接成功");
        }catch (ClassNotFoundException e) {
        System.out.println("驱动程序没有找到！ ");
        }catch (SQLException e) {
        System.out.println("SQL 异常！ ");
```

```
        }
    }
}
```

6.4.3 对数据进行"增删改查"操作

1. 新增数据

在数据库操作中，"插入"是最常见的操作之一，INSERT INTO 命令用于向表中添加一条新记录。语法格式如下。

INSERT INTO <表名>(列名) VALUES(值列表)

JDBC 使用 Statement 的 executeUpdate()方法执行 SQL 插入数据操作。

【例6-14】向"课程信息表"插入"课程号""课程名""开学学期""课时"和"学分"。MySQLInsert.java 文件代码如下。

```
package cn.sg.xx.test;
import java.sql.Connection;
import java.sql.DriverManager;
import java.sql.PreparedStatement;
import java.sql.SQLException;
public class MySQLInsert{
public static void main(String[ ] args){
    String DRIVER = "com.mysql.jdbc.Driver";
    String URL = "jdbc:mysql://localhost:3306/student";
//数据库用户名
    String Username = "root";
//数据库密码
    String Password = "123456";
    //定义一个数据库连接
    Connection conn = null;
    try {
        //加载 MySQL 驱动程序
        Class.forName(DRIVER);
//与 MySQL 数据库建立连接
        conn = DriverManager.getConnection(URL,Username,Password);
        String sql = "INSERT INTO  课程信息表(课程号,课程名,开学学期,课时,学分) VALUES(?,?,?,?,?)";
        PreparedStatement stmt = con.prepareStatement(sql);
        stmt.setString(1，  "106");
        stmt.setString(2，  "C#程序设计");
        stmt.setInt(3，  3);
        stmt.setString(4，"64");
        stmt.setInt(5，  4);
        stmt.executeUpdate();
        //执行完数据库的操作指令之后要释放资源，否则会导致内存的溢出
```

```
        }catch (ClassNotFoundException e) {
            System.out.println("驱动程序没有找到! ");
        }catch (SQLException e) {
            System.out.println("SQL 异常! ");
        }finally{
            stmt.close();
            con.close();
        }
    }
}
```

2. 修改数据

更新数据库中已有记录字段的值，可以使用 UPDATE 命令，其语法格式如下。

UPDATE FROM <表名>(列名) WHERE 条件

同插入数据一样，仅需修改 SQL 语句为：UPDATE 课程信息表 SET 课程名 = 'C#' WHERE 课程号 = '106'。JDBC 使用 Statement 的 executeUpdate()方法执行 SQL 修改数据操作。

【例 6-15】修改"课程信息表"中课程号为 106 的信息，代码如下。

```
String sql = " UPDATE 课程信息表 SET 课程名 = 'C#' WHERE 课程号 ='106'";
PreparedStatement stmt = con.prepareStatement(sql);
stmt.executeUpdate();
```

3. 删除数据

使用 DELETE 命令可以删除数据库中的已有记录，语法格式如下。

DELETE FROM<表名>(列名) WHERE 条件

JDBC 使用 Statement 的 executeUpdate()方法执行 SQL 删除数据操作。

【例 6-16】删除"课程信息表"中课程号为"106"的信息，代码如下。

```
String sql = "DELETE FROM kc WHERE 课程号 ='106'";
PreparedStatement stmt = con.prepareStatement(sql);
stmt.executeUpdate();
```

6.5 本章小结

通过本章的学习，读者能够掌握 Node.js、PHP、Python、Java 编程语言的安装配置方法及访问 MySQL 数据库的基本操作方法，同时掌握当前流行的编程语言操作 MySQL 数据库的方法，为进行网络编程打下良好的基础。

6.6　本章习题

在 MySQL 数据库中创建 newdb 数据库，在该数据库中创建员工基本信息表（employees 表），该表的结构如表 6-2 所示。

表 6-2　　　　　　　　　　　　　　员工基本信息表

字段名	字段类型	是否为空	备注
Id	Char(4)	Not null	员工编号（主键）
Name	Char(10)	Not null	姓名
Sex	Char(2)	Not null	性别
DateOfBirth	date	Not null	出生日期
phone	Char(11)	Not null	电话

在 MySQL 数据库中创建完成该表后，完成下列操作。

1. 用 Node.js 对数据库中的 employees 表进行增加、删除、修改和查询操作。
2. 用 PHP 对数据库中的 employees 表进行增加、删除、修改和查询操作。
3. 用 Python 对数据库中的 employees 表进行增加、删除、修改和查询操作。
4. 用 Java 对数据库中的 employees 表进行增加、删除、修改和查询操作。

第7章
MongoDB数据库

▶ **内容导学**

本章主要介绍非关系数据库 MongoDB，包括其特点、安装和配置方法，以及 Robo 图形界面操作 MongoDB、命令行的基本操作、集合操作、MongoDB 文档操作、MongoDB 备份和恢复、MongoDB 的交互等。

▶ **学习目标**

① 了解 MongoDB 数据库的安装、配置方法。

② 掌握 MongoDB 数据库的 SHELL 命令、数据库操作、集合操作、文档操作和数据类型。

③ 掌握 MongoDB 数据库增、删、改、查操作方法。

④ 了解 MongoDB 数据库的备份和恢复方法。

⑤ 掌握 MongoDB 数据库与 Node.js 的交互方法。

⑥ 掌握 MongoDB 数据库与 PHP 的交互方法。

⑦ 掌握 MongoDB 数据库与 Python 的交互方法。

⑧ 掌握 MongoDB 数据库与 Java 的交互方法。

///// 7.1 非关系数据库

NoSQL 指非关系数据库，是对不同于传统的关系数据库管理系统的统称。NoSQL 用于超大规模数据的存储，这些数据的存储不需要固定的模式，无须多余操作就可以横向扩展，打破了关系数据库处理非结构化数据的局限。

NoSQL 有以下特点。

（1）易扩展。NoSQL 数据库去掉了关系数据库的关系型特性，非常容易扩展。

（2）大数据量、高性能。NoSQL 数据库具有非常高的读写性能，尤其是在大数据量情况下。

（3）灵活的数据模型。NoSQL 无须事先为要存储的数据建立字段，随时可以存储自定义的数据格式。

（4）高可用。NoSQL 在不过多影响性能的情况下，可以方便地实现高可用的架构。

///// 7.2 MongoDB 简介与安装

7.2.1 MongoDB 简介

MongoDB 是一种基于分布式文件存储的开源数据库系统，由 C++语言编写，可添加节点保证服务器性能，提供可扩展的高性能数据存储解决方法。它是一个介于关系数据库和非关系数据库之间的数据库，是非关系数据库中功能最丰富、最像关系数据库的产品，为 Web 应用提供可扩展的高性能数据存储解决方案。

MongoDB 将数据存储为一个文档，数据结构由键值（key-value）对组成。MongoDB 文档类似于 JSON 对象。字段值可以包含其他文档、数组及文档数组。

7.2.2　MongoDB 安装

在使用 MongoDB 前，首先需要下载和安装 MongoDB 数据库，现在以 Windows 平台安装 MongoDB 为例，说明 MongoDB 的安装步骤。

（1）在 MongoDB 官方网站下载安装文件。

访问 MongoDB 官网，单击"Server"按钮进入下载页面，选择对应的系统版本下载安装包（当前下载的为 MongoDB 4.2 版本 64 位系统安装文件），如图 7-1 所示。

（2）双击下载的 msi 文件，运行安装程序，在弹出的对话框中单击"Next"按钮，如图 7-2 所示。

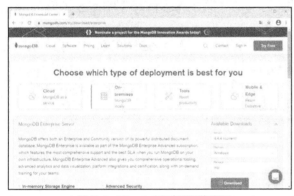

图7-1　MongoDB 官网下载界面

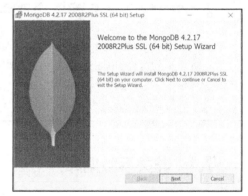

图7-2　MongoDB 安装界面

（3）在弹出的对话框中选择"I accept the terms in the License Agreement"选项，单击"Next"按钮，如图 7-3 所示。

（4）在弹出的对话框中选择"Custom"（自定义）选项，单击"Next"按钮，如图 7-4 所示。

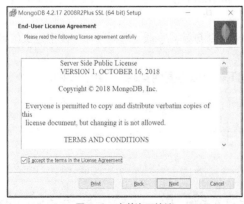

图7-3　安装许可协议

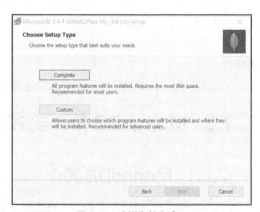

图7-4　选择安装方式

（5）选择"Custom"选项，将会弹出"Custom Setup"对话框，设置安装路径为"D:\MongoDB"，单击"Next"按钮，如图 7-5 所示。

（6）选择"Install MongoDB Compass"选项，单击"Next"按钮，如图 7-6 所示。

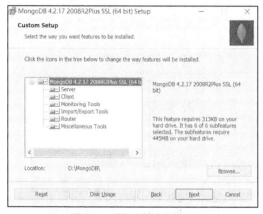

图 7-5　选择安装路径界面

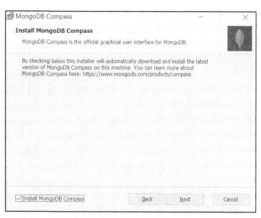

图 7-6　选择"Install MongoDB Compass"选项界面

（7）在弹出的对话框中单击"Install"按钮，如图 7-7 所示。最后单击"Finish"按钮，安装完成，如图 7-8 所示。

图 7-7　安装 MongoDB 界面

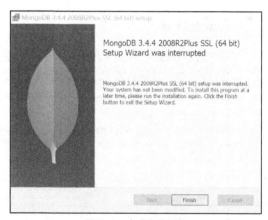

图 7-8　完成安装界面

7.2.3　配置 Path 环境变量

MongoDB 安装完成后，需要配置环境变量，下面以 Windows 10 为例介绍配置 MongoDB 环境变量的步骤。

（1）打开"控制面板"，单击"系统"图标，在界面右侧选择"高级系统设置"选项，打开"系统属性"对话框，如图 7-9 所示。

（2）单击"系统属性"对话框中的"环境变量"按钮，选择系统变量中的 Path 变量，单击"编辑"按钮，在"编辑环境变量"对话框中单击"新建"按钮，输入 MongoDB 的安装路径，如图 7-10 所示。

（3）单击"确定"按钮，关闭打开的环境变量设置窗口，完成环境变量的设置。

图 7-9　系统属性对话框

图 7-10　输入 MongoDB 的安装路径界面

7.2.4　启动 MongoDB 服务

1. 启动服务器

如果安装过程选择作为 Windows 服务安装，则 Windows 会将 MongoDB 作为系统服务启动，可以通过单击鼠标右键启动或停止 MongoDB 服务，如图 7-11 所示。

图 7-11　Windows MongoDB 服务

2. 启动客户端

mongo.exe 是 MongoDB 的客户端程序，打开一个 CMD 命令行窗口，执行 mongo.exe 即可启动 MongoDB 客户端，如图 7-12 所示。

图 7-12　启动 MongoDB 客户端

接下来在浏览器搜索栏中输入 http://localhost:27017，如果在浏览器界面出现了图 7-13 所示的文字，说明 MongoDB 启动成功。

图 7-13　确认 MongoDB 启动成功

7.3　Robo 图形界面操作 MongoDB

7.3.1　Robo 3T 图形界面安装步骤

Robo 3T 是一款功能强大的 MongoDB 可视化管理工具，支持跨平台管理，它是适用于 Windows、MacOS 和 Linux 的跨平台 MongoDB GUI 管理工具，它提供了自动完成查询功能，还嵌入了 MongoDB shell，提供了一个开源的 MongoDB 工具。

Robo 3T 的安装步骤如下。

（1）下载 Robo 3T 安装软件并双击运行，在弹出的对话框中单击"下一步"，如图 7-14 所示。

（2）在弹出的"许可证协议"对话框中，单击"我接受"按钮，如图 7-15 所示。

（3）在弹出的"选择安装位置"对话框中选择安装路径，单击"下一步"按钮，如图 7-16 所示。

（4）选择"开始菜单"文件夹，单击"安装"按钮，如图 7-17 所示，安装完成后，会弹出图 7-18 所示的对话框，单击"完成"按钮，完成 Robo 3T 可视化工具的安装。

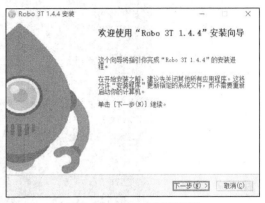

图 7-14　Robo 3T 安装界面

图 7-15　"许可证协议"对话框

图 7-16　选择安装位置界面

图 7-17　选择"开始菜单"文件夹界面

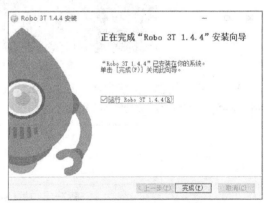

图 7-18　安装完成界面

7.3.2　连接数据库

连接数据库的步骤如下。

（1）运行 Robo 3T，在主界面上，选择"File"菜单的"Connect..."选项，打开"MongoDB Connections"窗口，如图 7-19 所示。

（2）单击"Create"选项，打开"Connection Settings"窗口，输入连接名称，在地址栏中选择默认值（localhost），输入端口号（本安装端口号 27017），单击"Save"按钮完成连接数据库设置，如图 7-20 所示。

图 7-19　MongoDB Connections 窗口

图 7-20　连接 MongoDB 数据库设置界面

现在可以通过 Robo 3T 来管理 MongoDB 数据库了，如图 7-21 所示。

图 7-21　Robo 3T 管理 MongoDB 数据库窗口

7.3.3　创建数据库

创建数据库的步骤如下。

（1）在左侧列表框处单击鼠标右键选择"MyConnection"选项，在弹出的菜单中选择"Create Database"选项，如图 7-22 所示。

（2）在文本框中输入数据库的名称，例如"MongoDB"，单击"Create"按钮完成数据库的创建，如图 7-23 所示。

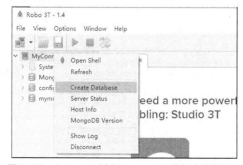

图 7-22　Robo 3T 创建 MongoDB 数据库菜单界面

图 7-23　Robo 3T 创建数据库窗口

查看数据库。单击鼠标右键选择"MyConnection"选项，再选择"Refresh"选项刷新连接，可以看到创建的数据库"MongoDB"在当前的列表中，如图7-24和图7-25所示。

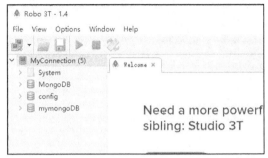

图7-24　Robo 3T 刷新连接界面　　　　　　　图7-25　Robo 3T 查看新建的数据库界面

我们也可以使用 show dbs 命令查看数据库，如图7-26所示。

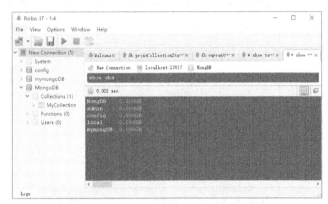

图7-26　Robo 3T 用 show dbs 命令查看数据库

7.3.4　创建集合

创建集合的步骤如下。

（1）集合的创建是在数据库中进行的，可以单击鼠标右键选择想要创建的数据库，在弹出的菜单中选择"Create Collection"选项，如图7-27所示。

（2）在打开的窗口中，输入集合的名称，单击"Create"按钮创建集合，如图7-28所示。

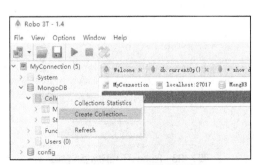

图7-27　Robo 3T 创建集合菜单　　　　　　　图7-28　Robo 3T 输入集合名称并创建窗口

7.3.5 插入数据

插入数据的步骤如下。

（1）右键单击数据库集合"student"选项，选择"Insert Document"选项，如图 7-29 所示。

（2）在集合中插入下面这条记录，采用同样的方式可将多条记录插入集合内，如图 7-30 所示。

```
{
"id":"1","name":"王艳","sex":"女","age":"20"
}
```

图 7-29　Robo 3T 选择插入记录菜单

图 7-30　Robo 3T 插入一条记录界面

单击鼠标右键选择数据库集合"student"选项，选择"View Documents"菜单可查看记录，如图 7-31 所示。

我们也可以在主窗口中选择表格模式，插入的记录将会显示在主窗口中，如图 7-32 所示。

我们还可以在编辑框中输入命令来查询记录，语法格式如下。

图 7-31　Robo 3T 选择查看记录菜单

```
db.getCollection('Student').find({})
```

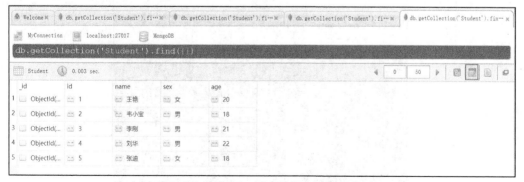

图 7-32　通过 Robo 3T 表格模式查看记录窗口

例如，在当前"Student"集合中查询编号是"5"的学生的信息，则需要输入以下命令。

```
db.getCollection('Student').find({"id":"5"})
```

单击"运行"按钮执行该命令,执行结果如图 7-33 所示。

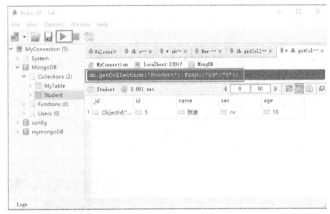

图 7-33 Robo 3T 用查询命令查看记录

在主窗口中可选择树形模式和文本模式显示插入的记录,如图 7-34 和图 7-35 所示。

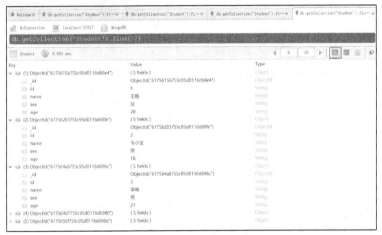

图 7-34 Robo 3T 树形模式查看记录窗口

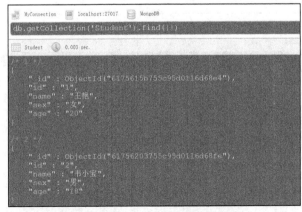

图 7-35 Robo 3T 文本模式查看记录窗口

7.3.6 删除数据

在集合"Student"处单击鼠标右键，查询集合记录，在显示的集合记录中，单击鼠标右键选择一条记录，在弹出的菜单中选择"Delete Document"选项，确认删除，则当前记录被删除，如图 7-36 所示。

在 MongoDB 数据库可视化工具中，使用 MongoDB shell 对集合进行删除，如图 7-37 所示。如果删除集合中的一条记录，可以使用 deleteOne 命令。例如，删除集合"Student"中"id"="2"（韦小宝）的信息，执行完成后，结果如图 7-38 所示。

图 7-36　Robo 3T 删除记录界面

图 7-37　Robo 3T 使用 MongoDB shell
对集合进行删除界面

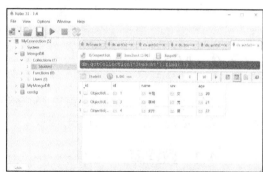

图 7-38　Robo 3T 使用 MongoDB shell
命令删除记录后的结果

7.3.7 修改数据

修改数据的步骤如下。

（1）查询集合"Student"，显示集合中的记录，单击鼠标右键选择一条记录，在弹出的菜单中，选择"Edit Document"菜单，如图 7-39 所示。

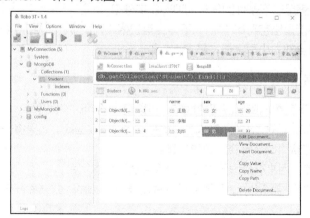

图 7-39　Robo 3T 编辑记录操作界面

（2）在文档编辑窗口中，修改相关信息。例如，将姓名"刘华"修改为"刘德华"，修改完成后单击"Save"按钮完成修改操作，如图7-40所示。

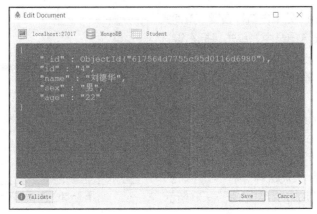

图7-40 Robo 3T 编辑界面

7.4 MongoDB

学习 MongoDB 数据库，应该首先了解基础概念，在 MongoDB 中，基本的概念包括数据库、集合、文档、数据类型等，下面逐一介绍。

7.4.1 数据库

一个 MongoDB 中可以建立多个数据库，MongoDB 的默认数据库为"db"，该数据库存储在 data 目录下，MongoDB 可以容纳多个独立的数据库，每一个数据库都有自己的集合和权限，不同的数据库放置在不同的文件中。

show dbs 命令可以显示所有数据的列表，db 命令可以显示当前数据库对象或集合，use 命令可以连接到一个指定的数据库。

1. 数据库的命名规则

数据库名可以是满足以下条件的任意 UTF-8 字符串。

（1）数据库名不能是空字符串（""），不得含有空格（' '）、$、/、\和\0（空字符）。

（2）数据库名应全部为小写字母，最多 64 字节。

2. 保留数据库名

安装数据库后，下列数据库是保留数据库，可以直接访问这些数据库。

（1）admin 数据库，从权限的角度来看，这是"root"数据库。如果将一个用户添加到这个数据库中，则这个用户自动继承所有数据库的权限。

（2）local 数据库，用来存储限于本地单台服务器的任意集合。

（3）config 数据库，当 MongoDB 用于分片设置时，config 数据库在内部使用，用于保存分片的相关信息。

7.4.2 集合

集合就是 MongoDB 文档组，类似于 RDBMS（关系数据库管理系统）中的表格。集合存在于数据库中，没有固定的结构，可以插入不同格式和类型的数据，但通常情况下插入集合的数据都会有一定的关联性。

集合的命名规则如下。

（1）集合名不能是空字符串（""）或 "$"，不能含有\0 字符（空字符），不能以 "system." 开头，这是为系统集合保留的前缀。

（2）用户创建的集合名不能含有保留字符。

7.4.3 文档

文档（Document）是一组键值（key-value）对。MongoDB 的文档不需要设置相同的字段，并且相同的字段不需要相同的数据类型，这与关系数据库有较大区别，也是 MongoDB 非常突出的特点。

1. 文档的特点

（1）文档中的键值对是有序的。文档中的值，不仅可以是在双引号里面的字符串，还可以是其他几种数据类型，甚至可以是嵌入的文档。

（2）MongoDB 区分类型和大小写。

（3）MongoDB 的文档不能有重复的键，文档的键是字符串。除了少数特殊情况，键可以使用任意 UTF-8 字符。

2. 文档键的命名规范

（1）键不能含有\0（空字符）。这个字符用来表示键的结尾。

（2）. 和$有特别的意义，只有在特定环境下才能使用。

（3）以下画线 "_" 开头的键是保留的。

7.4.4 数据类型

MongoDB 底层使用的数据类型为 BSON（Binary JSON），MongoDB 通过 BSON 来描述和存放数据。BSON 是一种可进行二进制序列化的、类 JSON 格式的文档对象。通过 BSON，MongoDB 可以方便地存储无模式（scheme）数据，下面介绍几种常见的数据类型。

1. ObjectId

ObjectId 类是唯一主键，能够快速地生成和排序，包含 12 字节，分别是：0~3 字节表示创建 UNIX 时间戳，格林尼治时间（UTC 时间，比北京时间晚了 8 小时）；4~6 字节是机器标识码；7~8 字节由进程 id 组成 PID；9~11 字节是随机数。

MongoDB 中存储的文档必须有一个_id 键。这个键的值可以是任何类型的，默认是一个 ObjectId 对象。由于 ObjectId 中保存了创建的时间戳，因此在文档中不需要保存时间戳字段，可以通过 getTimestamp 函数来获取文档的创建时间。

【例 7-1】读取 ObjectId 对象中保存的时间戳，并将 ObjectId 转化为字符串。

```
>var newObject=ObjectId()
>newObject.getTimestamp()
ISODate("2021-10-26T01:57:40Z")
>newObject.str
617761093d9c0556a875b1a0
```

2. String

字符串（String）是存储数据常用的数据类型。在 MongoDB 中，字符串编码为 UTF-8，UTF-8 编码可以更好地支持各种语言文字，一般每种编程语言的 MongoDB 驱动会帮助处理字符串编码以符合要求。示例如下。

```
{"str":"mongodb.com"}
```

3. Boolean

布尔（Boolean）类型。此类型用于存储布尔值（true/false）。示例如下。

```
{"b":true}
```

4. 数值类型

在 Mongo shell 中，默认使用 64 位浮点型数据。因此，会有以下两种数值形式。示例如下。

```
{"x":2.32}
```

或

```
{"x":2}
```

对于整数类型，可以使用 NumberInt() 或 NumberLong() 方法进行转换，示例如下。

```
{"x":NumberInt(2)}
{"x":NumberLong(2)}5.  Double
```

5. Arrays

数据集可以用数组（Arrays）格式存储，数组中可以包含不同类型的数据元素，包括内嵌文档和数组等。在所有 MongoDB 中，键值对支持的数据类型都可以用作数组的值。

```
{"newarray":["MongoDB", "MongoDB.com"]}
```

6. Null

用于创建空值。示例如下。

```
{"x":null}
```

7. Timestamp

时间戳（Timestamp）是记录文档修改或添加的具体时间，与普通的日期类型不相关。时间戳值是一个 64 位的值，其中，前 32 位是一个 time_t 值，后 32 位是在某秒中操作的一个递增的序数，在单个 MongoDB 实例中，时间戳值通常是唯一的。在复制集中，oplog 有一个 ts 字段，这个字段中的值使用 BSON 时间戳表示操作时间。

8. Date

Date 表示当前距离 UNIX 新纪元（1970 年 1 月 1 日）的毫秒数。日期类型是有符号的，负数表示 1970 年之前的日期。示例如下。

```
>var mydate1=new Date()      //格林尼治时间
>mydate1
ISODate("2018-03-04T14:58:51.233Z")
>typeof mydate1
object
```

7.5 命令行基本操作

7.5.1 终端连接 MongoDB

MongoDB shell 是 MongoDB 自带的功能齐全的 JavaScript shell，它是 MongoDB 客户端工具，可以在 shell 中使用命令与 MongoDB 进行交互，使用 MongoDB shell 对数据库进行查询和操作。

启动 MongoDB 服务操作后，就可以使用 MongoDB shell 连接 MongoDB 服务器。进入 MongoDB 安装目录的 bin 目录，输入 MongoDB 命令的连接命令，语法格式如下。

```
Mongo [ip][:port][/database] [-username "username" –password" password"]
```

说明如下。

（1）ip 是要连接的数据库的 ip 地址，默认值为 localhost，即 127.0.0.1。

（2）port 是连接的数据库的端口号，默认值为 27017。

（3）/database 是连接的指定数据库，默认数据库为 test。

（4）[-username "username" –password" password"]，如果设置在连接数据库服务器之后，驱动会尝试登录这个数据库。

连接本地 test 数据库的基本操作。打开命令提示符窗口（cmd.exe）。进入 MongoDB 目录的 bin 目录下，例如 "D:\Program Files\MongoDB\Server\4.2\bin"，然后输入以下命令启动 MongoDB shell，如图 7-41 所示。

```
mongo localhost:27017/test
```

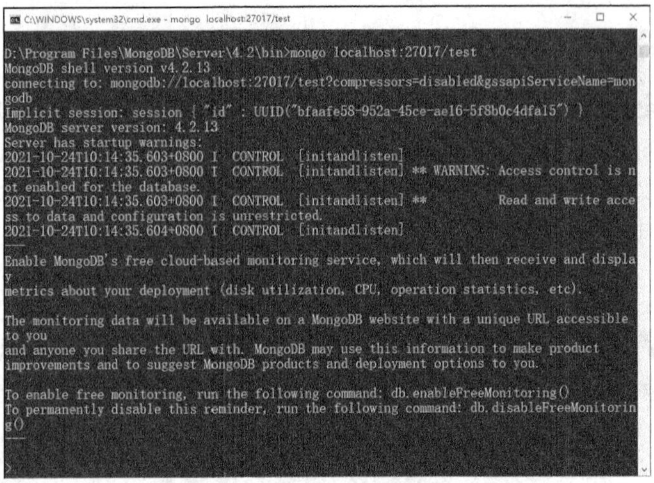

图 7-41　连接本地 test 数据库

7.5.2　查看当前数据库

1. MongoDB 创建数据库

MongoDB 创建数据库的语法格式如下。

```
use DATABASE_NAME
```

如果数据库不存在，则创建数据库；否则切换到指定数据库。以下实例可以创建数据库 newdb。

```
>use newdb
switched to db newdb
>db
Newdb
>
```

2. 查看当前数据库

使用 show dbs 命令查看当前数据库，示例代码如下。

```
>show dbs
MongDB        0.000GB
admin         0.000GB
config        0.000GB
local         0.000GB
mymongoDB     0.000GB
>
```

可以看到，刚创建的 newdb 数据库并不在数据库的列表中，如果要显示它，则需要向 newdb 数据库中插入一些数据。

```
> db. newdb.insert({"name":"刘德华"})
WriteResult({ "nInserted" : 1 })
>show dbs
MongoDB      0.000GB
admin        0.000GB
config       0.000GB
local        0.000GB
mymongoDB    0.000GB
newdb        0.000GB
```

> **注意** 在 MongoDB 中默认的数据库为 test，如果用户没有创建新的数据库，集合将存放在 test 数据库中；集合只有在内容插入后才会被创建，即创建集合（数据表）后要再插入一个文档（记录），集合才会真正创建。

7.6 集合操作

7.6.1 创建集合

在 MongoDB 中，使用 createCollection()方法来创建集合，语法格式如下。

```
db.createCollection(name,options)
```

说明如下。
- name：要创建的集合名称。
- options：可选参数，指定有关内存大小及索引的选项。

options 的主要参数如表 7-1 所示。

表 7-1   options 的主要参数

序号	参数	类型	描述
1	capped	布尔	可选。如果值为 true，则创建固定集合。固定集合指有着固定大小的集合，当达到最大值时，它会自动覆盖最早的文档
2	autoIndexId	布尔	可选。如果值为 true，则自动在_id 字段创建索引。默认为 false
3	size	数值	可选。为固定集合指定一个最大值，即字节数。如果 capped 为 true，需要指定该字段
4	max	数值	可选。指定固定集合中包含文档的最大数量

在插入文档时，MongoDB 首先检查固定集合的 size 字段，然后检查 max 字段。下面代码可以实现在 newdb 数据库中创建 mycol 集合。

```
>use newdb
switched to db newdb
```

```
>db.createCollection("mycol")
{ "ok" : 1 }
>
```

7.6.2 查看集合

使用 show collections 命令查看数据库集合，代码如下。

```
>show collections
mycol
>
```

在 MySQL 数据库中，查询所有表的命令是 show tables，在 MongoDB 数据库中也可以用该命令来查看集合，代码如下。

```
>show tables
mycol
```

在 MongoDB 数据库中，用 db.getCollectionNames()查看文档中所有集合的名称，其返回值是一个数组，代码如下。

```
> db.getCollectionNames()
[ "mycol" ]
```

如果需要查看单个集合，可以使用 db.getCollection("NAME")命令，代码如下。

```
> db.getCollection("mycol")
[ "mycol" ]
```

7.6.3 删除集合

在 MongoDB 数据库中，使用 drop()方法来删除集合，如果集合成功删除，则 drop()方法返回 true；否则返回 false。语法格式如下。

```
db.collection.drop()
```

例如，如果删除"mycol"集合，可以使用如下代码。

```
>db.mycol.drop()
true
>
```

7.7 MongoDB 文档操作

在 7.4 节中，已经介绍了文档的基本概念和命名规则，下面介绍对文档的操作。

7.7.1 插入文档

MongoDB 数据库使用 insert()方法或 save()方法向集合中插入文档，语法格式如下。

```
db.collection_name.insert(document)
```

或

```
db.collection_name.save(document)
```

下面通过一个实例把以下文档存放到 newdb 数据库的 mycol 集合中，代码如下。

```
>db.mycol.insert({
... "id":"001",
... "name":"张辉"})
WriteResult({ "nInserted" : 1 })
>
```

在实例中，"mycol"是集合名，如果该集合不在该数据库中，则 MongoDB 会自动创建该集合并插入文档，以下命令可以查看已插入的文档。

```
>db.mycol.find()
{"_id" : ObjectId("617a75703d9c0556a875b1a3"), "id" : "001", "name" : "张辉" }
```

7.7.2 更新文档

MongoDB 数据库使用 update()方法来更新集合中的文档。update()方法语法格式如下。

```
db.collection.update(
<query>,
<update>,
  {
     upsert: <boolean>,
     multi: <boolean>,
     writeConcern: <document>,
     collation:<documen>
  }
)
```

说明如下。
* 第一行的 update 命令可以在集合中更新一条或多条文档记录。其中，db 在 shell 中为当前数据库，collection 为指定的集合名。
* query：update 的查询条件，类似 sql update 查询 where 字句后面的查询条件。
* update：文档更新对象，包括各种更新操作符：如$set，给属性重新赋值；$inc，给属性加上指定的值等。
* upsert：可选，默认为 false，若设定为 true，则表示在更新条件没有匹配时，会插入此记

录；若设定为 false，则不会插入此记录。

• multi：可选。mongoDB 默认是 false，只更新查找到的第一条记录，如果这个参数为 true，则更新全部按条件查出来的记录。

• writeConcern：可选。抛出异常的级别。

【例 7-2】在 newdb 数据库集合 mycol 中，插入一条信息，将其中"title"文档内容"MongoDB 教程"修改为"MongoDB"并显示集合信息。

```
>db.mycol.insert({"title":"MongoDB 教程",
"description":"MongoDB 是一个 Nosql 数据库",
"tags":{"MongoDB","Redis"},
"likes":100 })
>db.mycol.update({'title':'MongoDB 教程'},{$set:{'title':'MongoDB'}})
WriteResult({ "nMatched":1,"nUpserted" : 0,"nModified" :1})
> db.mycol.find().pretty()
{
"_id" : ObjectId("56064f89ade2f21f36b03136"),
"title" : "MongoDB",
"description" : "MongoDB 是一个 Nosql 数据库",
"tags":[
"mongodb",
"Redis"
        ],
"likes":100
}
>
```

可以看到，标题（title）已由原来的"MongoDB 教程"更新为"MongoDB"。

注意 以上程序只会修改第一条发现的文档，如果要修改多条相同的文档，则需要设置 multi 参数为 true。

7.7.3 保存文档

MongoDB 数据库使用 save()方法通过传入的文档来替换已有文档，如果_id 主键存在，就保存文档；如果 id 主键不存在，就插入文档。语法格式如下。

```
db.collection.save(
<document>,
    {
      writeConcern: <document>
    }
)
```

说明如下。

• document：文档数据。

- writeConcern：抛出异常的级别。

例如，替换_id 为 56064f89ade2f21f36b03136 的文档数据。

```
>db.mycol.save({
    "_id":ObjectId("56064f89ade2f21f36b03136"),
"title":"MongoDB",
"description":"MongoDB 是一个 Nosql 数据库",
"tags": [
    "mongodb",
    "NoSQL"
],
"likes":110
})
```

替换成功后，可以通过 find()方法来查看替换后的数据。

```
>db. mycol.find().pretty()
{
"_id":ObjectId("56064f89ade2f21f36b03136"),
"title":"MongoDB",
"description":"MongoDB 是一个 Nosql 数据库",
"tags": [
    "mongodb",
    "NoSQL"
],
"likes":110
}
>
```

7.7.4 删除文档

在前面的章节中我们已经学习了在 MongoDB 中如何为集合添加和更新文档。下面继续学习在 MongoDB 集合中如何删除文档。

MongoDB 使用 remove()方法来移除集合中的数据，语法格式如下。

```
db.collection.remove(
<query>,
    {
      justOne: <boolean>,
      writeConcern: <document>
    }
)
```

说明如下。

- query：删除文档的条件。
- justOne：如果该参数设为 true 或 1，则只删除一个文档；如果不设置该参数或使用默认值 false，则删除所有匹配条件的文档。

- writeConcern：抛出异常的级别。

例如，删除 title 为"MongoDB 教程"的文档。

```
>db. mycol.remove({'title':'MongoDB 教程'})
WriteResult({ "nRemoved" : 1 })
>db.col.find()
>                                      #文档已删除
```

如果用户想删除所有数据，可以使用以下命令（类似常规 SQL 的 truncate 命令）。

```
>db. mycol.remove({})
>db. mycol.find()
```

7.7.5 查询文档

可以使用 find()方法查看 MongoDB 数据库保存的文档，find()方法以非结构化的方式来显示所有文档。

MongoDB 语法格式如下。

```
db.collection.find
(
     query,
     Projection
)
```

说明如下。

- query：可选。使用查询操作符指定查询条件。
- Projection：可选。使用投影操作符指定返回的键。如果要在查询时返回文档中所有键值，只需省略该参数即可（默认省略）。

如果以格式化的方式来显示所有文档，则可使用 find()方法提供的 pretty()方法，语法格式如下。

```
>db.col.find().pretty()
```

例如，以下代码查询了集合 mycol 中的数据。

```
> db.mycol.find().pretty()
{
     "_id":ObjectId("56063f17ade2f21f36b03133"),
     "title":"MongoDB",
     "description":"MongoDB 是一个 Nosql 数据库",
     "tags":[
          "mongodb",
          "NoSQL"
     ],
"likes":100
}
```

7.8 MongoDB 备份与恢复

7.8.1 备份

在 MongoDB 数据库中,使用 mongodump 命令来备份数据。该命令可以将所有数据导入指定目录中。

mongodump 命令语法如下。

```
>mongodump –h dbhost –d dbname –o dbdirectory
```

说明如下。

* –h dbhost:需要备份的数据所在的位置,如位置为本地,则可以忽略该参数,也可以指定端口(如,127.0.0.1:27017)。如果是远程服务,则必须采用实际 IP:Port 形式或采用域名加端口方式指定。
* –d dbname:需要备份的数据库实例,如 test。
* –o dbdirectory:备份的数据存放的位置,如"D:\data\dump",该目录需要提前建立,在备份完成后,系统自动在 dump 目录下建立一个 test 目录,这个目录里面存放该数据库实例的备份数据。

例如,在本地使用端口号 27017 启动 MongoDB 服务器。打开命令提示符窗口,进入 MongoDB 安装目录的 bin 目录输入以下命令。

```
mongodump –h 127.0.0.1:27017 –d mydb –o d:\data\dump
```

执行命令后,客户端会连接到 IP 为 127.0.0.1、端口号为 27017 的 MongoDB 服务器上,并备份 mongodb 数据库到"d:\data\dump"目录。mongodump 命令执行结果如图 7-42 所示。

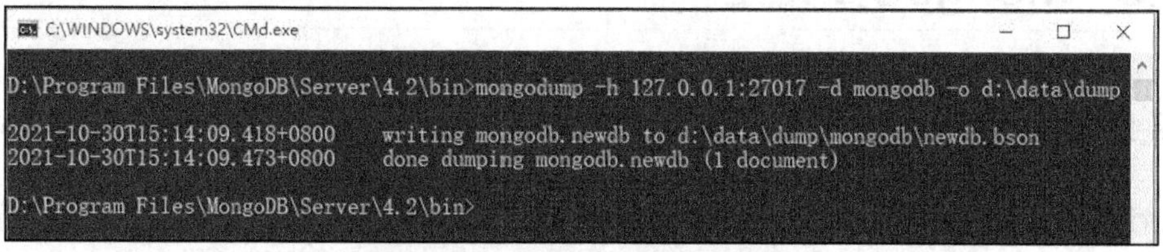

图 7-42 mongodump 命令执行结果

7.8.2 恢复

MongoDB 数据库使用 mongorestore 命令来恢复备份的数据。

mongorestore 命令脚本的语法格式如下。

```
mongorestore –h <hostname><:port> –d dbname <path> --drop --dir
```

说明如下。

* --host <hostname><:port>或-h <hostname><:port>:MongoDB 所在服务器地址,默认为 localhost:27017。
* --db 或-d:需要恢复的数据库实例,如 test,这个名称也可以和备份数据库不同。

- --drop：先删除当前数据，然后恢复备份的数据。
- <path>：mongorestore 的最后一个参数，设置备份数据所在的位置，如"c:\data\dump\test"。
- --dir：指定备份的目录，但不能同时指定 <path> 和 --dir 选项。

例如，在本地使用端口号 27017 启动 MongoDB 服务器。打开命令提示符窗口，进入 MongoDB 安装目录的 bin 目录，输入以下命令。其中"mydb"是需要恢复的数据库实例，"d:\data\dump\ newdb"是该目录下的"newdb"数据库。

```
mongorestore-h 127.0.0.1:27017 -d mydb --drop d:\data\dump\newdb
```

执行以上命令，显示结果如图 7-43 所示。

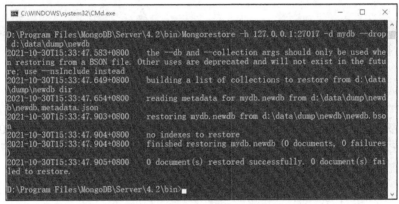

图 7-43 mongorestore 命令执行结果

7.9 MongoDB 交互

7.9.1 Node.js 与 MongoDB 交互

Node.js 是基于 Chrome V8 引擎的 JavaScript 运行环境，使用了事件驱动、非阻塞式 I/O 模型，使得 JavaScript 运行在服务端的开发平台，使用 Node.js 能方便地连接 MongoDB，并对数据库进行操作。

1. 搭建环境

MongoDB Node.is 驱动程序是被官方支持的 Node.js 驱动程序，得到了 MongoDB 官方的支持，MongoDB 已经将 MongoDB Node.is 驱动程序作为标准方法。Node.js 连接 MongoDB 数据库有两种方法可选择。

（1）实例化 MongoDB 模块中提供的 MongoClient 类，然后使用这个实例化对象创建和管理 MongoDB 连接。

（2）使用字符串进行连接。

通过实例化 MongoClient 对象连接 MongoDB 数据库是最常用的方法。创建 MongoClient 对象实例的语法格式如下。

MongoClient（server, options）；

其中，server 不是一个 server 对象，options 表示数据库连接选项。

在用 Node.js 开发应用程序之前，首先需要配置好 Node.js 开发环境。

（1）打开 Node.js 官网，选择对应的安装文件下载并安装。这里选择 Windows Installer (.msi) 64-bit 版本。

（2）安装完成后，测试安装是否成功。打开命令提示符窗口，输入命令"node w"。如果正确安装了 Node.js，则会显示当前的版本号，如下。

```
D:Nodejs_ MongoDBINodejs01>node -v
v6.11.2
```

如果没有显示上述信息，请检查安装程序和环境变量是否配置正确。

2. 安装驱动

npm 是 Node.js 的包管理工具（package manager），在安装 Node.js 时会被一起安装。在命令提示符窗口输入"npm -v"可以查看当前的 npm 版本。

（1）下载 MongoDB 程序包。

从 npm 官网下载安装程序包 MongoDB，它是为 Node.js 提供的驱动程序。

（2）安装程序包。

使用"npm install"命令安装 MongoDB 程序包（需要连接 Internet），安装命令如下。

```
npm install mongodb –save
```

将驱动程序依赖关系保存到 package.json 文件中。该命令会自动下载并安装 MongoDB 的驱动程序包，并将依赖关系写入 package.json 文件中。安装信息显示如下。

```
D:Nodejs MongoDBINodejs01>npm install mongodb -- save
nodejs01@1.0.0 D:Nodejs_ MongoDBINodejs01
-- mongodb@3.0.7
'-- mongodb-core@3.0.7
+-- bson@1.0.6
require_ optional@1.0.1
+-- resolve-from@2.0.0
'-- semver@5.5.0
npm WARN nodejs01@1.0.0 No description
npm WARN nodejs01@1.0.0 No repository field.
```

3. 创建数据库

要在 MongoDB 中创建数据库，首先需要创建一个 MongoClient 对象，然后配置好指定的 URL 和端口号，如果数据库不存在，MongoDB 将创建数据库并建立连接，代码如下。

```
var MongoClient = require('mongodb').MongoClient;
var url = "mongodb://localhost:27017/mydb";
MongoClient.connect(url,function(err,db) {
```

```
    if(err) throw err;
    console.log("数据库已创建!");
    db.close();
});
```

4. 创建集合

数据库创建完毕，可以使用 createCollection()方法来创建集合，创建集合的代码如下。

```
var MongoClient = require('mongodb').MongoClient;
var url = 'mongodb://localhost:27017/mydb';
MongoClient.connect(url,function (err,db) {
    if (err) throw err;
    console.log('数据库已创建');
    var dbase = db.db("mydb");
    dbase.createCollection('mycol',function (err,res) {
        if (err) throw err;
        console.log("创建集合!");
        db.close();
    });
});
```

5. 数据库操作

与 MySQL 不同的是，MongoDB 会自动创建数据库和集合，所以在使用 MongoDB 前不需要用户手动去创建。

（1）插入数据

以下实例我们连接数据库 mydb 的 mycol 集合，使用 insertOne()方法插入一条数据，代码如下。

```
var MongoClient = require('mongodb').MongoClient;
var url = "mongodb://localhost:27017/";
MongoClient.connect(url,function(err,db) {
    if (err) throw err;
    var dbo = db.db("mydb");
    var myobj = { name:"学习教程", description: "NoSQL 数据库" };
    dbo.collection("mycol").insertOne(myobj,function(err,res) {
        if (err) throw err;
        console.log("文档插入成功");
        db.close();
    });
});
```

以上代码的文件名为 test.js，执行命令后，输出结果如下。

```
$ node test.js
文档插入成功
```

从输出结果来看，数据已插入成功。我们也可以打开 MongoDB 的客户端查看数据，代码如下。

```
> show dbs
Mydb    0.000GB
> show tables
mycol                              # 自动创建了 mycol 集合（数据表）
> db.mycol.find()
{ "_id":ObjectId("5a794e36763eb821b24db854"),"name":"学习教程","description": "NoSQL 数据库" }
>
```

使用 insertMany()方法，可以在数据库中插入多条数据，代码如下。

```
var MongoClient = require('mongodb').MongoClient;
var url = "mongodb://localhost:27017/";
MongoClient.connect(url,function(err,db) {
      if (err) throw err;
      var dbo = db.db("mydb");
      var myobj =   [
            { name: '百度', description: '搜索引擎',type: 'cn'},
            { name: 'Google', description: '浏览器',type: 'en'}
}
      ];
      dbo.collection("mycol").insertMany(myobj,function(err,res) {
            if (err) throw err;
            console.log("插入的文档数量为: "+ res.insertedCount);
            db.close();
      });
});
```

注意

res.insertedCount 为插入的条数。

（2）查询数据

使用 find()方法可以查找数据，find()方法可以返回匹配条件的所有数据。如果未指定条件，find()
方法返回集合中的所有数据。

```
find()
var MongoClient = require('mongodb').MongoClient;
var url = "mongodb://localhost:27017/";
MongoClient.connect(url,function(err,db) {
      if (err) throw err;
      var dbo = db.db("mydb");
      dbo.collection("mycol"). find({}).toArray(function(err,result)
      { //返回集合中所有数据
            if (err) throw err;
            console.log(result);
            db.close();
      });
});
```

如果指定条件，find()方法可以返回匹配条件的数据，例如，查询 name 为"百度"的信息，代码如下。

```
var MongoClient = require('mongodb').MongoClient;
var url = "mongodb://localhost:27017/";
MongoClient.connect(url,function(err,db) {
    if (err) throw err;
    var dbo = db.db("mydb");
    var whereStr = {"name":'百度'};   //查询条件
    dbo.collection("mycol").find(whereStr).toArray(function(err,result) {
        if (err) throw err;
        console.log(result);
        db.close();
    });
});
```

执行以上命令，输出结果如下。

```
[ { _id: 5a794e36763eb821b24db854,
    name: '百度',
description: '搜索引擎'}]
```

（3）更新数据

如果对数据库的一条数据进行更新，可以使用 updateOne()方法。例如，将 name 为"百度"的 description 改为"百度是搜索引擎"，代码如下。

```
var MongoClient = require('mongodb').MongoClient;
var url = "mongodb://localhost:27017/";
MongoClient.connect(url,function(err,db) {
    if (err) throw err;
    var dbo = db.db("mydb");
    var whereStr = {"name":'百度'};   //查询条件
    var updateStr = {$set: { "description" : "百度是搜索引擎" }};
    dbo.collection("mycol").updateOne(whereStr,updateStr,function(err,res){
        if (err) throw err;
        console.log("文档更新成功");
        db.close();
    });
});
```

执行成功后，进入 MongoDB 管理工具查看结果，发现数据已修改。

```
> db.mycol.find().pretty()
{
"_id": ObjectId("5a794e36763eb821b24db854"),
"name":"百度",
"description" : "百度是搜索引擎"
}
```

如果要更新所有符合条件的文档数据,可以使用 updateMany()方法。

```
var MongoClient = require('mongodb').MongoClient;
var url = "mongodb://localhost:27017/";
MongoClient.connect(url,function(err,db) {
    if (err) throw err;
    var dbo = db.db("mydb");
    var whereStr = {"type":'en'};   // 查询条件
    var updateStr = {$set: { "description" : "百度是搜索引擎" }};
    dbo.collection("mycol").updateMany(whereStr,updateStr,function(err,res) {
        if (err) throw err;
        console.log(res.result.nModified + " 条文档被更新");
        db.close();
    });
});
```

> **注意**
>
> **result.nModified 代表更新文档数据的条数。**

（4）删除数据

如果对数据库的一条数据进行删除，可以使用 deleteOne()方法。例如，将 name 为"学习教程"的数据删除，代码如下。

```
var MongoClient = require('mongodb').MongoClient;
var url = "mongodb://localhost:27017/";
MongoClient.connect(url,function(err,db) {
    if (err) throw err;
    var dbo = db.db("mydb");
    var whereStr = {"name":学习教程};   //查询条件
    dbo.collection("mycol").deleteOne(whereStr,function(err,obj) {
        if (err) throw err;
        console.log("文档删除成功");
        db.close();
    });
});
```

执行成功后，进入 MongoDB 管理工具页面查看，发现数据已删除。

```
> db.mycol.find()
>
```

如果要删除多条语句，可以使用 deleteMany()方法。例如，将 type 为 en 的所有数据删除，代码如下。

```
var MongoClient = require('mongodb').MongoClient;
var url = "mongodb://localhost:27017/";
MongoClient.connect(url,function(err,db) {
```

```
    if (err) throw err;
    var dbo = db.db("mydb");
    var whereStr = { type: "en" };   //查询条件
    dbo.collection("mycol").deleteMany(whereStr,function(err,obj) {
        if (err) throw err;
        console.log(obj.result.n + " 条文档被删除");
        db.close();
    });
});
```

注意

obj.result.n 显示删除文档数据的条数。

7.9.2　PHP 与 MongoDB 交互

1. MongoDB PHP 扩展

PHP 是一种被广泛使用的开源脚本语言，PHP 脚本在服务器上执行，可供免费下载和使用。

在 PHP 中使用 MongoDB，必须使用 MongoDB 的 PHP 驱动，可在 PHP 官网下载与用户的 PHP 版本对应的 MongoDB PHP 驱动包，但是需要注意以下 4 点。

（1）VC6 运行于 Apache 服务器上。

（2）Thread Safe（线程安全）以模块形式运行在 Apache 服务器上，如果以 CGI 的模式运行 PHP，应选择非线程安全（Non-Thread Safe）模式。

（3）VC9 运行于 IIS 服务器上。

（4）下载完二进制包后进行解压，将 php_mongodb.dll 文件添加到用户的 PHP 扩展目录中（ext）。

打开 PHP 配置文件 php.ini，添加以下配置。

```
extension=php_mongodb.dll
```

重启服务器。通过浏览器访问 phpinfo，如果安装成功，就会看到类似于图 7-44 所示的信息。

mongo

MongoDB Support		enabled
Version		1.2.0-

Directive	Local Value	Master Value
mongo.allow_empty_keys	0	0
mongo.allow_persistent	1	1
mongo.auto_reconnect	1	1
mongo.chunk_size	262144	262144
mongo.cmd	$	$
mongo.default_host	localhost	localhost
mongo.default_port	27017	27017
mongo.long_as_object	0	0
mongo.native_long	0	0
mongo.no_id	0	0
mongo.utf8	1	1

图 7-44　phpinfo 显示信息

2. MongoDB 与 PHP 交互

在 PHP 中访问 MongoDB 数据库，必须使用 MongoDB 的 PHP 驱动。为了确保正确连接，需要指定数据库名，如果数据库在 MongoDB 中不存在，则 MongoDB 会自动创建数据库，代码如下。

```php
<?php
$m = new MongoClient();    //连接默认主机和端口：mongodb://localhost:27017
$db = $m->test;           //获取名称为"test"的数据库
?>
```

（1）创建集合

创建集合的代码如下。

```php
<?php
$m = new MongoClient();           //连接
$db = $m->test;                    //获取名称为 "test" 的数据库
$collection = $db->createCollection("Coll");
echo " test 集合创建成功";
?>
```

执行以上程序，输出结果如下。

test 集合创建成功

（2）插入文档

在 MongoDB 数据库中，使用 insert()方法插入文档，代码如下。

```php
<?php
$m = new MongoClient();           // 连接到 mongodb
$db = $m->test;                    // 选择一个数据库
$collection = $db->Coll;          // 选择集合
$document = array(
        "title" =>"MongoDB",
        "description" =>"database",
        "likes" => 100,
        "by","学习教程"
);
$collection->insert($document);
echo " test 数据插入成功";
?>
```

执行以上程序，输出结果如下。

test 数据插入成功

然后在 MongoDB 客户端使用 db.runoob.find().pretty()命令查看数据，结果如下。

```
{
    "_id":ObjectId("57512b3a57c9150f178b4567"),
    "title":"MongoDB",
    "description":"database",
    "likes":numberlong(100),
    "0":"by"
    "1":"学习教程"
}
```

（3）查找文档

在 MongoDB 数据库中，使用 find()方法来读取集合中的文档，读取文档的代码如下。

```php
<?php
$m = new MongoClient();          //连接到 MongoDB
$db = $m->test;                  //选择一个数据库
$collection = $db->Coll;         //选择集合
$cursor = $collection->find();
// 迭代显示文档标题
foreach ($cursor as $document) {
        echo $document["title"] . "\n";
}
?>
```

执行以上程序，输出结果如下。

MongoDB

（4）更新文档

在 MongoDB 数据库中，使用 update()方法来更新文档。例如，将文档中的标题改为"MongoDB 教程"，代码片段如下。

```php
<pre>
<?php
$m = new MongoClient();          //连接到 mongodb
$db = $m->test;                  //选择一个数据库
$collection = $db->coll;         //选择集合
//更新文档
$collection->update(array("title"=>"MongoDB"),array('$set'=>array("title"=>"MongoDB 教程")));
//显示更新后的文档
$cursor = $collection->find();
//循环显示文档标题
foreach ($cursor as $document) {
        echo $document["title"] . "\n";
}
?>
```

执行以上程序，输出结果如下。

MongoDB 教程

在 MongoDB 客户端使用 db.runoob.find().pretty();命令查看数据，结果如下。

```
{
    "_id":ObjectId("57512b3a57c9150f178b4567"),
    "title":" MongoDB 教程",
    "description":"database",
    "likes":numberlong(100),
    "0":"by"
    "1":"学习教程"
}
```

（5）删除文档

在 MongoDB 数据库中，使用 remove()方法来删除文档。例如，移除标题为"MongoDB 教程"的数据记录。代码片段如下。

```php
<?php
$m = new MongoClient();          //连接到 MongoDB
$db = $m->test;                  //选择一个数据库
$collection = $db->runoob;       //选择集合
//移除文档
$collection->remove(array("title"=>"MongoDB 教程"),array("justOne" => true));
//显示可用文档数据
$cursor = $collection->find();
foreach ($cursor as $document) {
        echo $document["title"] . "\n";
}
?>
```

7.9.3　Python 与 MongoDB 交互

Python 是一个高层次的脚本语言，结合了解释性、编译性、互动性，并且能简单有效地面向对象，具有很强的可读性，语法结构更具特色。

1. 环境准备

如果 Python 要连接 MongoDB，需要使用 MongoDB 的驱动 pymongo。Python 包管理工具 pip 提供了对 Python 包的查找、下载、安装、卸载的功能。

（1）安装 pymongo 驱动

```
pip install pymongo
```

也可以指定安装的版本。

```
pip install pymongo==3.5.1
```

更新 pymongo 命令。

```
pip install --upgrade pymongo
```

（2）测试 pymongo 安装是否成功

可以创建一个测试文件 demo_test_mongodb.py，测试 pymongo 是否安装成功，代码如下。

```
import pymongo
```

执行以上代码，如果没有出现错误，表示安装成功。

2. 创建数据库

创建数据库需要使用 MongoClient 对象，并且指定连接的 URL 地址和创建的数据库名。例如，创建一个 mydb 数据库，代码如下。

```
import pymongo
myclient = pymongo.MongoClient("mongodb://localhost:27017/")
mydb = myclient["mydb"]
```

 注意 在 MongoDB 中，只有在内容插入后才会创建数据库，即数据库创建后要创建集合（数据表）并插入一个文档（记录），才会真正创建数据库。

我们可以读取 MongoDB 中的所有数据库，并判断指定的数据库是否存在，代码如下。

```
import pymongo
myclient = pymongo.MongoClient('mongodb://localhost:27017/')
dblist = myclient.list_database_names()
# dblist = myclient.database_names()
if "mydb" in dblist:
    print("数据库已存在！")
```

 注意 database_names 在最新版本的 Python 中已废弃，Python 3.7 之后的版本使用 list_database_names()。

3. 创建集合

MongoDB 中的集合与 SQL 中的表类似，使用数据库对象来创建，代码如下。

```
import pymongo
myclient = pymongo.MongoClient("mongodb://localhost:27017/")
mydb = myclient["mydb"]
mycol = mydb["mycol"]
```

 注意 在 MongoDB 中只有在内容插入后，集合才会创建，也就是说，在创建集合（数据表）后要再插入一个文档（记录），才会真正创建集合。

以下代码读取 MongoDB 数据库中的所有集合，并判断指定的集合是否存在。

```
import pymongo
myclient = pymongo.MongoClient('mongodb://localhost:27017/')
mydb = myclient['mydb']
collist = mydb.list_collection_names()
# collist = mydb.collection_names()
if "mycol" in collist:                #判断 mycol 集合是否存在
    print("集合已存在！")
```

 注意 **collection_names 在最新版本的 Python 中已废弃，Python 3.7 之后的版本使用 list_collection_names()。**

4. Python MongoDB 插入文档

（1）插入一个文档

在集合中使用 insert_one()方法插入一个文档，该方法的第一参数是字典 name => value，向 mycol 集合中插入文档的代码如下。

```
import pymongo
myclient = pymongo.MongoClient("mongodb://localhost:27017/")
mydb = myclient["mydb"]
mycol = mydb["mycol"]
mydict={"name": "baidu","alexa": "10000"}
x = mycol.insert_one(mydict)
print(x)
```

输出结果如下。

```
<pymongo.results.InsertOneResult object at 0x10a34b288>
```

在插入文档时，insert_one()方法返回 InsertOneResult 对象，该对象包含 inserted_id 属性，它是插入文档的 id 值，代码如下。

```
import pymongo
myclient = pymongo.MongoClient('mongodb://localhost:27017/')
mydb = myclient['mydb']
mycol = mydb["mycol"]
mydict = {"name": "Google","alexa": "1"}
x = mycol.insert_one(mydict)
print(x.inserted_id)
```

输出结果如下。

```
5b2369cac315325f3698a1cf
```

注意 如果我们在插入文档时没有指定_id，MongoDB 会为每个文档添加一个唯一的 id。

（2）插入多个文档

在集合中使用 insert_many()方法插入多个文档，该方法的第一参数是字典列表，实例代码如下。

```
import pymongo
myclient=pymongo.MongoClient("mongodb://localhost:27017/")
mydb = myclient["mydb"]
mycol = mydb["mycol"]
mylist = [
    {"name": "Taobao","alexa": "100"},
    {"name": "QQ","alexa": "101"}
]
x = mycol.insert_many(mylist)
# 输出插入的所有文档对应的_id 值
print(x.inserted_ids)
```

输出结果类似如下内容。

```
[ObjectId('5b236aa9c315325f5236bbb6'),
 ObjectId('5b236aa9c315325f5236bbb7')]
```

insert_many()方法返回 InsertManyResult 对象，该对象包含 inserted_ids 属性，该属性保存所有插入文档的 id 值。

执行完以上程序，我们可以在命令终端查看数据是否已插入。

```
>use mydb
Switched to db mydb
>db.mycol.find()
{"_id":ObjectId("5b369ac315325f269f28d1"),"name":"baidu","alexa":"10000"}
{"_id":ObjectId("5b369ac315325f2698a1cf"),"name":"Taobao","alexa":"100"}
{"_id":ObjectId("5b369ac315325f269fbbb7"),"name":"QQ","alexa":"101"}
```

（3）插入指定_id 的多个文档

插入文档时，也可以自己指定 id，以下实例可以实现在 mycols 集合中插入指定 id 数据。

```
import pymongo
myclient = pymongo.MongoClient("mongodb://localhost:27017/")
mydb = myclient["mydb"]
mycol = mydb["mycols"]
mylist = [
    { "_id": 1,"name": "study","cn_name": "学习教程"},
    { "_id": 2,"name": "Google","address": "Google 搜索"},
]
```

```
x = mycol.insert_many(mylist)
# 输出插入的所有文档对应的_id 值
print(x.inserted_ids)
```

输出结果如下。

[1,2]

在命令终端查看数据是否已插入集合中。

```
>db.mycols.find()
{"_id":1,"name":"study","cn_name":"学习教程"}
{"_id":2,"name":"Google","address": "Google 搜索"},
```

5. Python MongoDB 查询文档

在 MongoDB 中使用 find()和 find_one()方法来查询集合中的数据，它们类似于 SQL 中的 SELECT 语句。

（1）查询集合中的一条数据

使用 find_one()方法查询集合中的一条数据。例如，查询 mycol 文档中的第一条数据，代码如下。

```
import pymongo
myclient = pymongo.MongoClient("mongodb://localhost:27017/")
mydb = myclient["mydb"]
mycol = mydb["mycol"]
x = mycol.find_one()
print(x)
```

输出结果如下。

{'_id': ObjectId('5b369ac315325f269f28d1'),'name': 'mydb','alexa': '10000'}

（2）查询集合中的所有数据

使用 find()方法查询集合中的所有数据，类似 SQL 中的 SELECT *操作。例如，查找 mycol 集合中的所有数据，代码如下。

```
import pymongo
myclient = pymongo.MongoClient("mongodb://localhost:27017/")
mydb = myclient["mydb"]
mycol = mydb["mycol"]
for x in mycol.find():
    print(x)
```

输出结果如下。

{"_id":ObjectId("5b369ac315325f269f28d1"),"name":"baidu","alexa":"10000"}
{"_id":ObjectId("5b369ac315325f2698a1cf"),"name":"Taobao","alexa":"100"}
{"_id":ObjectId("5b369ac315325f269fbbb7"),"name":"QQ","alexa":"101"}

（3）查询指定字段的数据

使用 find()方法来查询指定字段的数据，将要返回的字段对应值设置为 1，代码如下。

```python
import pymongo
myclient = pymongo.MongoClient("mongodb://localhost:27017/")
mydb = myclient["mydb"]
mycol = mydb["mycol"]
for x in mycol.find({},{ "_id": 0,"name": 1,"alexa": 1 }):
    print(x)
```

输出结果如下。

```
{"name":"baidu","alexa":"10000"}
{"name":"Taobao","alexa":"100"}
{"name":"QQ","alexa":"101"}
```

（4）根据指定条件查询

在 find()方法中设置参数来过滤数据，以下代码可以查找 name 字段为 mydb 的数据。

```python
import pymongo
myclient = pymongo.MongoClient("mongodb://localhost:27017/")
mydb = myclient["mydb"]
mycol = mydb["mycol"]
myquery = {"name": "baidu"}
mydoc = mycol.find(myquery)
for x in mydoc:
    print(x)
```

输出结果如下。

```
{"_id":ObjectId("5b369ac315325f269f28d1"),"name":"baidu","alexa":"10000"}
```

6. Python MongoDB 修改文档

在 MongoDB 中，使用 update_one()方法修改文档中的记录。该方法第一个参数为查询的条件，第二个参数为要修改的字段，如果查找到的匹配数据多于一条，则只会修改第一条。例如，将 alexa 字段的值 10000 改为 12345，代码如下。

```python
import pymongo
myclient = pymongo.MongoClient("mongodb://localhost:27017/")
mydb = myclient["mydb"]
mycol = mydb["mycol"]
myquery = {"alexa": "10000"}
newvalues = {"$set": {"alexa": "12345"}}
mycol.update_one(myquery,newvalues)
#输出修改后的"mycol"集合
for x in mycol.find():
    print(x)
```

输出结果如下。

```
{"name":"mydb","alexa":"12345"}
{"name":"Taobo","alexa":"100"}
{"name":"QQ","alexa":"101"}
```

update_one()方法只能修改第一条匹配的记录，如果要修改所有匹配到的记录，可以使用 update_many()方法。例如，查找所有以 T 开头的 name 字段，并将匹配到的所有记录的 alexa 字段修改为 123，代码如下。

```python
import pymongo
myclient = pymongo.MongoClient("mongodb://localhost:27017/")
mydb = myclient["mydb"]
mycol = mydb["mycol"]
myquery = {"name": {"$regex": "^T"}}
newvalues = {"$set": {"alexa": "123"}}
x = mycol.update_many(myquery,newvalues)
print(x.modified_count,"文档已修改")
```

输出结果如下。

1 文档已修改

查看已修改的数据。

```
{"name":"mydb","alexa":"12345"}
{"name":"Taobao","alexa":"123"}
{"name":"QQ","alexa":"101"}
```

7. 排序

在 MongoDB 中，使用 sort()方法对数据进行升序或降序排序，sort()方法第一个参数为要排序的字段，第二个参数为排序规则字段，1 为升序，−1 为降序，默认为升序。例如，对字段 alexa 按升序排序，代码如下。

```python
import pymongo
myclient = pymongo.MongoClient("mongodb://localhost:27017/")
mydb = myclient["mydb"]
mycol = mydb["mycol"]
mydoc = mycol.find().sort("alexa")
for x in mydoc:
    print(x)
```

输出结果如下。

```
{"name":"QQ","alexa":"101}
{"name":"Taobao","alexa":"123"}
{"name":"mydb","alexa":"12345"}
```

如果对字段 alexa 按降序排序，则代码如下。

```
mydoc = mycol.find().sort("alexa",-1)
```

输出结果如下。

```
{"name":"mydb","alexa":"12345"}
{"name":"Taobao","alexa":"123"}
{"name":"QQ","alexa":"101"}
```

8. Python MongoDB 删除数据

Python 对 MongoDB 进行删除操作时，可以删除单个文档、多个文档、集合中的所有文档、集合等。

（1）删除单个文档

使用 delete_one()方法删除一个文档，该方法第一个参数为查询对象，指定要删除哪些数据。例如，删除 name 字段值为 Taobao 的数据。

```
import pymongo
myclient = pymongo.MongoClient("mongodb://localhost:27017/")
mydb = myclient["mydb"]
mycol = mydb["mycol"]
myquery = {"name": "Taobao"}
mycol.delete_one(myquery)
# 删除后输出
for x in mycol.find():
    print(x)
```

输出结果如下。

```
{"name":"QQ","alexa":"101"}
{"name":"mydb","alexa":"12345"}
```

（2）删除多个文档

使用 delete_many()方法删除多个文档，该方法第一个参数为查询对象，指定要删除哪些数据。例如，删除所有 name 字段中以 T 开头的文档，代码如下。

```
import pymongo
myclient = pymongo.MongoClient("mongodb://localhost:27017/")
mydb = myclient["mydb"]
mycol = mydb["mycol"]
myquery = {"name": {"$regex": "^T"}}
x = mycol.delete_many(myquery)
print(x.deleted_count,"个文档已删除")
```

输出结果如下。

```
1 个文档已删除
```

（3）删除集合中的所有文档

在 delete_many()方法中，如果传入的是一个空的查询对象，则会删除集合中的所有文档，代码如下。

```
import pymongo
myclient = pymongo.MongoClient("mongodb://localhost:27017/")
mydb = myclient["mydb"]
mycol = mydb["mycol"]
x = mycol.delete_many({})
print(x.deleted_count,"个文档已删除")
```

输出结果如下。

3 个文档已删除

（4）删除集合

使用 drop()方法来删除一个集合。例如，删除 mycol 集合，代码如下。

```
import pymongo
myclient = pymongo.MongoClient("mongodb://localhost:27017/")
mydb = myclient["mydb"]
mycol = mydb["mycol"]
mycol.drop()
```

如果删除成功，则返回 true；如果删除失败（集合不存在），则返回 false。

使用以下命令在终端查看集合是否已删除。

```
> use mydb
switched to db runoobdb
> show tables
```

7.9.4　Java 与 MongoDB 交互

Java 是由 Sun Microsystems 公司于 1995 年 5 月推出的 Java 面向对象程序设计语言，可运行于多个平台，如 Windows、Mac OS 及其他多种 UNIX 版本的系统。在 Java 程序中，如果要操作 MongoDB 数据库，需要安装 Java 环境和 MongoDB JDBC 驱动。

1. 引入 MongoDB Java Driver 包

（1）使用 Maven 方式管理 MongoDB 包

推荐使用 Maven 的方式管理 MongoDB 的相关依赖包，Maven 项目中只需导入如下 pom 依赖包即可。

```
<dependency>
<groupId>org.mongodb</groupId>
<artifactId>mongodb-driver</artifact1d>
<version>3.4</version>
```

```
</dependency>
<dependency>
<groupId>org.mongodb</groupId>
<artifactId>bson</artifactId>
<version>3.4</version>
</dependency>
<dependency>
<groupId>org.mongodb</groupId>
<artifactId>Mongodb-driver-core</artifactId>
<version>3.4</version>
</dependency>
```

（2）手动导入

如果手动下载 mongodb-driver，还必须下载其依赖项 bson 和 mongodb-driver-core。这 3 个安装包需要配合使用，并且版本必须一致，否则运行时会报错。

安装 Java 开发工具 Eclipse。在 GitHub 官方网站下载以上安装驱动包，用 Eclipse 创建项目，然后导入需要的安装包，即可在 Eclipse 中用代码实现 MongoDB 的简易连接。

2. 连接 MongoDB

我们可以使用 MongoClient 来连接 MongoDB，如果数据库不存在，那么 MongoDB 会自动创建数据库。实现简易的数据库连接的 Java 代码如下。

```java
import com.mongodb.MongoClient;
import com.mongodb.client.MongoDatabase;
public class MongoDBJDBC{
    public static void main( String args[ ] ){
try {
    //连接到 mongodb 服务
    MongoClient mongoClient = new MongoClient("localhost" ,27017 );
    //连接到数据库
    MongoDatabase mongoDatabase = mongoClient.getDatabase("mydb");
    System.out.println("Connect to database successfully");
    } catch(Exception e){
        System.err.println(e.getClass().getName() + ": " + e.getMessage() );
    }
  }
}
```

上面的代码连接了 localhost:27017 上的 MongoDB 服务，并指定使用 mydb 数据库。连接后便可以对这个数据库实施进一步的操作。

需要指出的是，MongoClient 是线程安全的，可以在多线程环境中共享同一个 MongoClient。通常来说，在一个应用程序中，只需要生成一个全局的 MongoClient 实例，然后在程序的其他地方使用这个实例即可。

3. 认证

连接 MongoDB 有多种方式进行认证，下面介绍 MongoCredential 认证和 MongoClientURI

认证。

（1）MongoCredential 认证

MongoCredential 类的 createCredential()方法可以指定认证的用户名、密码，以及使用的数据库，并返回一个 MongoCredential 对象。其方法的声明如下。

```
static MongoCredential createCredential(String userName,String database,char[ ] password)
```

例如，创建一个用户名为 user、密码为 password、数据库名为 mydb 的 MongoCredential 对象，代码如下。

```
MongoCredential credential = MongoCredential.createCredential("user","mydb","password".toCharArray();
```

将生成 MongoCredential 的对象作为 MongoClient 构造函数的参数。由于 MongoClient 构造函数为 List<MongoCredential>类型，因此需要先构造一个 List 再传递。完整的认证的例子如下。

```
MongoCredential credential = MongoCredential.createCredential("user","mydb","password".toCharArray());
ServerAddress serverAddress = new ServerAddress("localhost",27017);
MongoClient mongoClient = new MongoClient(serverAddress,Arrays.asList(credential));
DB db = mongoClient.getDB("mydb");
```

（2）MongoClientURI 认证

MongoClientURI 也可实现 MongoDB 的认证，它代表了一个 URI 对象。MongoClientURI 的构造函数接受一个 String 类型的字符串，这个字符串的格式如下。

```
mongodb://[username:password@]host1[:port1][,host2[:port2],...,[hostN[:portN]]][/[database][?options]]
```

生成的 MongoClientURI 对象作为 MongoClient 构造函数的参数，完整的认证代码如下。

```
String sURI = String.format("mongodb://%s:%s@%s:%d/%s","user","password","localhost",27017,"mydb");
MongoClientURI uri = new MongoClientURI(sURI);
MongoClient mongoClient = new MongoClient(uri);
DB db = mongoClient.getDB("mydb");
```

4．获取一个集合

我们可以使用 com.mongodb.client.MongoDatabase 类的 getCollection()方法来获取一个集合，Java 代码如下。

```
import org.bson.Document;
import com.mongodb.MongoClient;
import com.mongodb.client.MongoCollection;
import com.mongodb.client.MongoDatabase;
public class MongoDBJDBC{
    public static void main(String args[ ]){
        try{
            //连接到 MongoDB 服务
            MongoClient mongoClient = new MongoClient("localhost" ,27017 );
```

```
        //连接到数据库
        MongoDatabase mongoDatabase = mongoClient.getDatabase("mydb");
        System.out.println("Connect to database successfully");
        MongoCollection<Document> collection=mongoDatabase.getCollection("test");
        System.out.println("集合 test 选择成功");
    }catch(Exception e){
        System.err.println( e.getClass().getName() + ": " + e.getMessage() );
    }
  }
}
```

编译运行以上程序，输出结果如下。

```
Connect to database successfully
集合 test 选择成功
```

5. 插入文档

我们可以使用 com.mongodb.client.MongoCollection 类的 insertMany()方法来插入一个文档，Java 代码如下。

```java
import java.util.ArrayList;
import java.util.List;
import org.bson.Document;
import com.mongodb.MongoClient;
import com.mongodb.client.MongoCollection;
import com.mongodb.client.MongoDatabase;

public class MongoDBJDBC{
    public static void main( String args[ ] ){
        try{
            //连接到 MongoDB 服务
            MongoClient mongoClient = new MongoClient( "localhost" ,27017 );
            //连接到数据库
            MongoDatabase mongoDatabase = mongoClient.getDatabase("mydb");
            System.out.println("Connect to database successfully");
            MongoCollection<Document> collection = mongoDatabase.getCollection("test");
            System.out.println("集合 test 选择成功");
            Document document = new Document("title","MongoDB").
            append("description","database").
            append("likes",100).
            append("by","Fly");
            List<Document> documents = new ArrayList<Document>();
            documents.add(document);
            collection.insertMany(documents);
            System.out.println("文档插入成功");
        }catch(Exception e){
            System.err.println( e.getClass().getName() + ": " + e.getMessage() );
```

```
        }
    }
}
```

编译运行以上程序，输出结果如下。

Connect to database successfully
集合 test 选择成功
文档插入成功

6. 检索所有文档

我们可以使用 com.mongodb.client.MongoCollection 类中的 find()方法来获取集合中的所有文档。此方法返回一个游标，通过遍历这个游标来检索需要的信息，Java 代码如下。

```java
import org.bson.Document;
import com.mongodb.MongoClient;
import com.mongodb.client.FindIterable;
import com.mongodb.client.MongoCollection;
import com.mongodb.client.MongoCursor;
import com.mongodb.client.MongoDatabase;
public class MongoDBJDBC{
    public static void main( String args[ ] ){
        try{
            //连接到 MongoDB 服务
            MongoClient mongoClient = new MongoClient("localhost" ,27017);
            //连接到数据库
            MongoDatabase mongoDatabase = mongoClient.getDatabase("mydb");
            System.out.println("Connect to database successfully");
            MongoCollection<Document> collection = mongoDatabase.getCollection("test");
            System.out.println("集合 test 选择成功");
            //检索所有文档
            FindIterable<Document> findIterable = collection.find();
            MongoCursor<Document> mongoCursor = findIterable.iterator();
            while(mongoCursor.hasNext()){
                System.out.println(mongoCursor.next());
            }
        }catch(Exception e){
            System.err.println( e.getClass().getName() + ": " + e.getMessage() );
        }
    }
}
```

说明如下。

- FindIterable<Document>：获取迭代器。
- MongoCursor<Document>：获取游标。通过遍历游标检索出文档集合。

编译运行以上程序，输出结果如下。

```
Connect to database successfully
集合 test 选择成功
Document{{_id=56e65fb1fd57a86304fe2692,title=MongoDB,description=database,likes=100,by=Fly}}
```

7. 更新文档

我们可以使用 com.mongodb.client.MongoCollection 类中的 updateMany()方法来更新集合中的文档。Java 代码如下。

```java
public class MongoDBJDBC{
    public static void main( String args[ ] ){
        try{
            //连接到 MongoDB 服务
            MongoClient mongoClient = new MongoClient( "localhost" ,27017 );
            //连接到数据库
            MongoDatabase mongoDatabase = mongoClient.getDatabase("mydb");
            System.out.println("Connect to database successfully");
            MongoCollection<Document> collection = mongoDatabase.getCollection("test");
            System.out.println("集合 test 选择成功");
            //更新文档,将文档中 likes=100 的文档修改为 likes=200
            collection.updateMany(Filters.eq("likes",100),new Document("$set",new Document("likes",200)));
            //检索查看结果
            FindIterable<Document> findIterable = collection.find();
            MongoCursor<Document> mongoCursor = findIterable.iterator();
            while(mongoCursor.hasNext()){
                System.out.println(mongoCursor.next());
            }
        } catch(Exception e){
            System.err.println(e.getClass().getName() + ": " +e.getMessage());
        }
    }
}
```

编译运行以上程序，输出结果如下。

```
Connect to database successfully
集合 test 选择成功
Document{{_id=56e65fb1fd57a86304fe2692,title=MongoDB,description=database,likes=200,by=Fly}}
```

8. 删除文档

如果要删除集合中的第一个文档，首先使用 com.mongodb.DBCollection 类中的 findOne()方法来获取第一个文档，然后使用 remove()方法删除，Java 代码如下。

```java
import org.bson.Document;
import com.mongodb.MongoClient;
```

```java
import com.mongodb.client.FindIterable;
import com.mongodb.client.MongoCollection;
import com.mongodb.client.MongoCursor;
import com.mongodb.client.MongoDatabase;
import com.mongodb.client.model.Filters;
public class MongoDBJDBC{
    public static void main(String args[ ] ){
        try{
            //连接到 MongoDB 服务
            MongoClient mongoClient = new MongoClient( "localhost" ,27017 );
            //连接到数据库
            MongoDatabase mongoDatabase = mongoClient.getDatabase("mydb");
            System.out.println("Connect to database successfully");
            MongoCollection<Document> collection = mongoDatabase.getCollection("test");
            System.out.println("集合 test 选择成功");
            //删除符合条件的第一个文档
            collection.deleteOne(Filters.eq("likes",200));
            //删除所有符合条件的文档
            collection.deleteMany (Filters.eq("likes",200));
            //检索查看结果
            FindIterable<Document> findIterable = collection.find();
            MongoCursor<Document> mongoCursor = findIterable.iterator();
            while(mongoCursor.hasNext()){
                System.out.println(mongoCursor.next());
            }
        }catch(Exception e){
            System.err.println( e.getClass().getName() + ": " + e.getMessage() );
        }
    }
}
```

编译运行以上程序，输出结果如下。

Connect to database successfully
集合 test 选择成功

7.10 本章小结

通过本章的学习，读者对 MongoDB 有了初步的了解，并理解了非关系数据库和 MongoDB 数据库的基本概念、MongoDB 数据库的安装及配置、数据库及集合的操作、文档的"增删改查"操作。在此基础上，学习了 MongoDB 数据库的备份和还原操作方法、图形化操作界面的使用以及 MongoDB 数据库与 PHP、Java 等编程语言的交互等。

7.11 本章习题

1. 使用 Robo 图形界面操作 MongoDB 数据库，完成以下任务。

（1）创建数据库 schooldb。

（2）创建集合"score"并插入以下记录。

```
{"id":"001","course":"MongoDB","score":"90"}
{"id":"002","course":"Java","score":"97"}
{"id":"003","course":"PHP","score":"80"}
```

（3）查询所有记录，将查询结果进行截图。

（4）将 id 号为"003"的记录的 score（成绩）改为 100。

2．使用终端操作 MongoDB 数据库，完成以下任务。

（1）创建数据库 mydb。

（2）创建集合 employees 并插入以下记录。

```
{"id":"001","name":"张三","salary":"7000"}
{"id":"002","name":"李四","salary":"6800"}
{"id":"003","name":"王五","salary":"9000"}
```

（3）查询所有记录，将查询结果进行截图。

（4）将 id 号为"001"的 salary（薪资）改为 7600。

3．在习题 2 创建的 mydb 数据库的基础上，分别用 Node.js、PHP、Python 和 Java 对该数据库进行"增删改查"操作。

第8章
Redis数据库

▶ **内容导学**

本章主要学习非关系数据库 Redis，介绍 Redis 数据库的安装配置、基本操作，以及与 Node.js、PHP、Python 和 Java 等平台的交互操作。通过本章的学习，读者将掌握 Redis 数据库的安装维护、数据库读写、数据库与 Node.js、PHP、Python 和 Java 的交互以及相关案例应用。

▶ **学习目标**

① 了解 Redis 数据库及管理工具的安装、配置方法。
② 掌握 Redis 数据库的基本操作方法。
③ 掌握 Redis 与 Node.js、PHP、Python 和 Java 的交互方法。
④ 能使用 Node.js、PHP、Python 和 Java 实现 Redis 数据读写。

8.1 Redis 基础

8.1.1 Redis 简介与安装

1. Redis 简介

Redis（Remote Dictionary Server），即远程字典服务。它是一个开源的基于内存处理的数据结构存储系统，可以作为数据库使用，也可以用于缓存和消息传递处理。

Redis 支持的数据结构包括字符串、散列表、列表、集合、带范围查询的有序集合、位图、超日志和地理空间索引等。

Redis 具有内置的复制、Lua 脚本、LRU 逐出、事务和不同级别的磁盘持久性，并通过 Redis Sentinel 和 Redis Cluster 自动分区提高可用性。

2. Redis 安装

（1）下载 Redis 安装程序。Redis 支持的操作系统包括 Linux、UNIX、OSX 和 Windows 四大系列。本章采用 Windows 操作系统来安装 Redis。用户根据系统平台的实际情况选择支持 32 位和 64 位的系统。访问 Redis 官网，在下载页面中选择 Redis-x64-xxx.msi 安装包下载，如图 8-1 所示。

（2）运行安装包，显示图 8-2 所示的 Redis 欢迎界面，单击"Next"按钮进入下一步。

图 8-1　Redis for Windows 下载界面

（3）在弹出的窗口中，勾选"I accept the terms in the License Agreement"复选框，单击"Next"按钮，如图 8-3 所示。

图 8-2　Redis 欢迎界面　　　　　　　　　　　　图 8-3　选择接受协议界面

（4）Redis 默认安装目录为"C:\Program Files\Redis\"，单击"Change"按钮修改安装目录。例如，将安装目录修改为"D:\Program Files\Redis\"，然后勾选"Add the Redis installation folder to the PATH environment variable."，这样方便系统自动识别 Redis 执行文件，再单击"Next"按钮，如图 8-4 所示。

（5）设置端口号和防火墙，端口号可保持默认的 6379，并勾选"Add an exception to the Windows Firewall."，从而保证外部正常访问 Redis 服务，单击"Next"按钮，如图 8-5 所示。

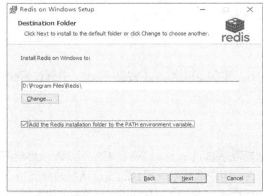

图 8-4　修改安装目录和添加环境变量 PATH 界面　　　图 8-5　设置端口号和防火墙例外界面

（6）设定内存限制，设定内存最大值为 100MB。作为实验和学习，100MB 的内存足够使用，单击"Next"按钮，如图 8-6 所示。

（7）在弹出的窗口中，单击"Install"按钮开始安装 Redis，如图 8-7 所示。

图 8-6　设定内存限制界面

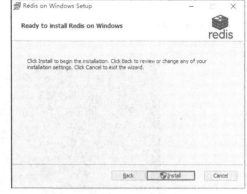

图 8-7　Redis 安装界面

（8）安装 Redis 的过程，如图 8-8 所示。

（9）单击"Finish"按钮，完成 Redis 安装，如图 8-9 所示。

图 8-8　Redis 安装过程界面

图 8-9　Redis 安装完成界面

（10）用以下两种方法启动 Redis 服务。

① 打开服务管理器启动 Redis 服务。鼠标右键单击"我的电脑"，选择"管理（G）"，在"计算机管理器"窗口中依次单击"服务和应用程序"→"服务"，在右侧打开的服务管理器列表中找到 Redis 名称的服务，查看启动情况。如果未启动，则手动启动，正常情况下，服务器会正常启动并运行，如图 8-10 所示。

图 8-10　Redis 服务运行状态界面

② 在命令提示符窗口中启动 Redis 服务。如果 Redis 服务未启动，打开 Windows 命令（cmd）窗口，使用 cd 命令切换到 Redis 安装目录下，执行以下命令可启动服务器，如图 8-11 所示。

```
redis-server.exe redis.windows.conf
```

图 8-11　Redis 服务启动成功

（11）服务器启动完成后，不要关闭原来的命令窗口，打开另一个命令窗口。切换到 redis 安装目录下输入以下命令并执行，出现图 8-12 所示界面，表明服务器安装成功。例如，服务器地址为 127.0.0.1，端口号为 6379，密码为 123456。

```
redis-cli.exe -h 127.0.0.1 -p 6379 -a 123456
```

图 8-12　客户端测试 Redis 服务启动成功

注意　如果 Redis 服务器有密码，则需要带-a 参数、-h 服务器地址、-p 端口、-a 密码。

（12）测试 Redis 读取是否正常。设置键值对，输入 set myKey "Hello Redis"，设置一个键值。然后输入 get myKey，获取键值。如果读取没有问题，则表明 Redis 服务安装成功，如图 8-13 所示。

```
set myKey "Hello Redis"
get myKey
```

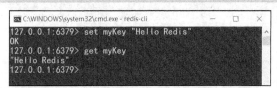

图 8-13　通过键值对测试 Redis 服务安装成功界面

8.1.2　Redis 数据库操作

Redis 数据库命令用于在 redis 服务上执行操作。要在 redis 服务上执行命令需要一个 Redis 客户端，Redis 客户端在 Redis 的安装包中，Redis 数据库命令包括服务器（Server）、键（Key）、字符串（String）、散列（Hash）、列表（List）、集合（Set）、有序集合（Zset）、发布/订阅（Pub/Sub）、事务（Transaction）、连接（Connection）、脚本（Soipting）、HyperLogLog、地理空间（Geo）和集群（Cluster）共 14 类 200 多种命令。下面具体介绍几类主要命令。

1. Redis 连接命令

Redis 连接命令如下。

（1）ping 命令

ping 命令用于测试服务器是否连接成功，如果没有参数，服务器返回"PONG"；如果有参数，则返回参数。

（2）select 命令

select 命令用于选择当前数据库，Redis 默认有 16 个数据库，select 可使用参数 0～15 切换当前工作数据库。

例如，测试服务器是否连接成功，切换数据库 2 为当前数据库，并查看当前数据库所有键（key），代码如下。

```
127.0.0.1:6379[2]> ping
PONG
127.0.0.1:6379[2]> select 2
OK
127.0.0.1:6379[2]> keys *
（empty list or set）
127.0.0.1:6379[2]>
```

选择并查看 Redis 数据库运行结果如图 8-14 所示。

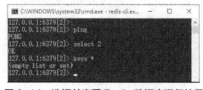

图 8-14　选择并查看 Redis 数据库运行结果

2. Redis 服务器命令

Redis 服务器命令如下。

（1）dbsize 命令

dbsize 命令用于查看当前数据库的记录数。

（2）flushdb 与 fushall 命令

flushdb 命令用于清除当前数据库记录，fushall 命令用于清除所有数据库记录。

3. Redis 键（Key）命令

Redis 键命令用于管理 Redis 的键，语法格式如下。

```
127.0.0.1:6379> COMMAND KEY_NAME
```

Redis 键命令主要包含以下几种命令。

（1）DEL 命令

DEL 命令用于删除已存在的 Key。如果不存在 Key，则该命令会被忽略，语法格式如下。

```
127.0.0.1:6379> DEL KEY_NAME
```

返回值：被删除 Key 的数量。

例如，在 Redis 中创建一个 Key 并设置值，然后删除已创建的 Key。

```
127.0.0.1:6379> SET Delkey Redis
OK
127.0.0.1:6379> DEL Delkey
（integer）1
```

（2）DUMP 命令

DUMP 命令用于序列化给定 Key，并返回被序列化的值，语法格式如下。

```
127.0.0.1:6379>DUMP KEY_NAME
```

返回值：如果 Key 不存在，则返回 nil；否则，返回序列化之后的值。

例如，在 Redis 中创建一个 key，设置值后删除；创建一个 DUMPkey，并设置值，代码如下。

```
127.0.0.1:6379> SET Delkey "Redis"
OK
127.0.0.1:6379> DEL Delkey
（integer）1
127.0.0.1:6379> SET DUMPkey "hello world!"
OK
127.0.0.1:6379> dump DUMPkey
"\x00\x0chello world!\t\x00\xe5\x8d\xa41\t\xaci"
127.0.0.1:6379> dump not-exits-key
（nil）
```

（3）EXISTS 命令

EXISTS 命令用于检查给定 Key 是否存在，语法格式如下。

```
127.0.0.1:6379> EXISTS KEY_NAME
```

返回值：若 Key 存在，则返回 1；否则返回 0。

例如，创建一个名为 Newkey 的键并赋值，再使用 EXISTS 命令进行检查，代码如下。

```
127.0.0.1:6379> EXISTS Newkey
（integer）0
127.0.0.1:6379> set Newkey Rediskey
OK
127.0.0.1:6379> EXISTS Newkey
```

```
（integer） 1
127.0.0.1:6379>
```

（4）EXPIRE 命令

EXPIRE 命令用于设置 Key 的过期时间，以秒为单位，Key 过期后将不再可用，语法格式如下。

```
127.0.0.1:6379> EXPIRE KEY_NAME TIME_IN_SECONDS
```

返回值：如果 Key 设置成功，则返回 1；如果 Key 不存在或者不能为 Key 设置过期时间，则返回 0。

例如，创建一个键 Rediskey，设置过期时间为 1 分钟，1 分钟后自动删除该键。

```
127.0.0.1:6379> SET Rediskey Redis
OK
127.0.0.1:6379> EXPIRE Rediskey 60
（integer） 1
```

（5）PEXPIRE 命令

PEXPIRE 命令和 EXPIRE 命令的作用相似，但它以毫秒为单位设置 Key 的生存时间，语法格式如下。

```
PEXPIRE key milliseconds
```

返回值：如果 Key 设置成功，则返回 1；如果 Key 不存在或生存时间设置失败，则返回 0。

例如，创建一个键 mykey，设置过期时间为 1 分钟，1 分钟后自动删除该键，代码如下。

```
127.0.0.1:6379> SET mykey "Hello"
"OK"
127.0.0.1:6379> PEXPIRE mykey 60000
（integer） 1
```

（6）KEYS 命令

KEYS 命令用于查找所有符合给定模式的 Key，语法格式如下。

```
127.0.0.1:6379> KEYS PATTERN
```

返回值：符合给定模式的 Key 列表（Array）。

例如，创建一些 Key，并赋予对应值，代码如下。

```
127.0.0.1:6379> SET mykey1 redis
OK
127.0.0.1:6379> SET mykey2 mysql
OK
127.0.0.1:6379> SET mykey3 mongodb
OK
```

（7）MOVE 命令

MOVE 命令用于将当前数据库的 Key 移动到给定的数据库中，语法格式如下。

```
127.0.0.1:6379> MOVE KEY_NAME DESTINATION_DATABASE
```

返回值：如果移动成功，则返回 1；否则返回 0。
例如，将当前数据库中设置的键值移动到另一个数据库中，代码如下。

```
#key 存在于当前数据库
#redis 默认使用数据库 0，为了清晰起见，这里再显式指定一次
127.0.0.1:6379> SELECT 0
OK
127.0.0.1:6379> SET song "secret base - Zone"
OK
127.0.0.1:6379> MOVE song 1        #将 song 移动到数据库 1
（integer）1
127.0.0.1:6379> EXISTS song        #song 已经被移动
（integer）0
127.0.0.1:6379> SELECT 1           #使用数据库 1
OK
127.0.0.1:6379> EXISTS song        # song 存在于数据库 1
（integer）1
```

在当前数据库中添加一条记录，键名为 number 10，将当前数据库中的该记录移动到数据库 1，切换并显示数据库 1 的记录，代码如下。

```
127.0.0.1:6379[2]> set number 10
OK
127.0.0.1:6379[2]> keys *
1）"number"
2）"mydatabase"
127.0.0.1:6379[2]> move number 1
（integer）1
127.0.0.1:6379[2]> select 1
OK
127.0.0.1:6379[1]> exists number
（integer）1
127.0.0.1:6379[1]>
```

说明如下。
第 1 行指定当前数据库为数据库 2，设置 number 值为 10。第 3 行显示当前数据库的所有 keys，此时数据库 2 有两条记录；第 6 行使用 MOVE 命令将 number 移动到数据库 1；第 8 行指定当前数据库为数据库 1；第 10 行使用 EXISTS 命令查看 number 记录，显示记录存在。
（8）RENAME 命令
RENAME 命令用于修改 Key 的名称，语法格式如下。

```
127.0.0.1:6379> RENAME OLD_KEY_NAME NEW_KEY_NAME
```

返回值：如果修改成功，则返回 OK；否则返回一个错误。如果 OLD_KEY_NAME 和 NEW_KEY_NAME 相同或者 OLD_KEY_NAME 不存在，则返回一个错误；如果 NEW_

KEY_NAME 已经存在，那么 RENAME 命令将覆盖旧值。

例如，判断所设置的键值名称被修改后是否存在，代码如下。

```
#key 存在且 newkey 不存在
127.0.0.1:6379>SET message "hello world"
OK
127.0.0.1:6379>RENAME message greeting
OK
127.0.0.1:6379>EXISTS message          #message 不存在
（integer） 0
127.0.0.1:6379>EXISTS greeting        #greeting 取而代之
（integer） 1
```

（9）TYPE 命令

TYPE 命令用于查看 Key 的存储类型。语法格式如下。

```
TYPE KeyName
```

其中 KeyName 为键名。

返回值：string、list、set、zset 和 hash 等数据结构类型。

4. Redis 字符串（String）命令

String 类型是 Redis 最基本的数据类型，一个 Key 对应一个 Value。常用的 Redis 字符串命令有 SET、GET、INCR 和 DECR 等。

（1）SET 命令

SET 命令用于将值存储在当前数据库中。语法格式如下。

```
SET KeyName Value
```

其中，KeyName 为键名，Vaule 为对应的值。

例如，在当前数据库设置 mydatabase 的值为 MyDB，并显示数据库 key，结果如图 8-15 所示。

```
127.0.0.1:6379[2]>set mydatabase "MyDB"
OK
127.0.0.1:6379[2]>keys *
1） "mydatabase"

127.0.0.1:6379[2]>
```

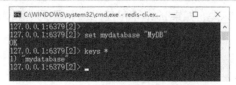

图 8-15 SET 命令设置键值运行结果

（2）GET 命令

GET 命令用于获取当前数据库中的值。语法格式如下。

```
GET KeyName
```

其中 KeyName 为键名，返回当前参数 KeyName 的值，如果指定 KeyName 不存在，则返回 nil。

例如，查看当前数据库键名为 mydatabase 的值，代码如下。

```
127.0.0.1:6379[2]> get mydatabase
"MyDB"
127.0.0.1:6379[2]> get test
( nil )
127.0.0.1:6379[2]>
```

GET 命令读取键值运行结果如图 8-16 所示。

图 8-16　GET 命令读取键值运行结果

（3）INCR 和 INCRBY 命令

基本功能：使当前键值递增，并返回递增后的值。语法格式如下。

```
INCR KeyName
INCRBY KeyName Step
```

其中，KeyName 为需要自增的键名，Step 为自增步长。如果指定的键是不能实现自增操作的类型，如字符串，则 Redis 会报出错误：ERR value is not an integer or out of range。

（4）DECR 和 DECRBY 命令

基本功能：使当前键值递减，并返回递减后的值。语法格式如下。

```
DECR KeyName
DECRBY KeyName Step
```

其中，KeyName 为需要自减的键名，Step 为自减步长。如果指定的键是不能实现自减操作的类型（如字符串），则 Redis 会报出异常：ERR value is not an integer or out of range。

（5）APPEND 命令

基本功能：为指定的 Key 追加值。如果 Key 已经存在并且是一个字符串，APPEND 命令将 Value 追加到 Key 原来值的末尾。如果 Key 不存在，APPEND 就简单地将给定 Key 设为 Value。语法格式如下。

```
APPEND KeyName Value
```

其中，KeyName 为追加的键名，Value 为追加值。

（6）SETRANGE 命令

基本功能：修改字符串的子串。语法格式如下。

```
SETRANGE KeyName OffSet Value
```

用指定的字符串覆盖给定 Key 所存储的字符串值，覆盖的位置从偏移量 OffSet 开始。
（7）MSET 和 MGET 命令
基本功能：同时设置或读取一个或多个键值。语法格式如下。

```
MSET KeyName1 Value1 KeyName2 Value2...
MGET KeyName1 KeyName2 ...
```

例如，使用 Redis 的 MSET 和 MGET 命令，设置键为 mykey1 和 mykey2，对应的值分别
为 "Hello" 和 "World"，代码如下。

```
127.0.0.1:6379> MSET mykey1 "Hello"   mykey2 "World"
OK
127.0.0.1:6379> MGET mykey1 mykey2
1） "Hello"
2） "World"
```

在当前数据库中添加两条记录，判断是否存在 name 和 age，将 age 移动到数据库 1，判断
当前数据库中是否存在该值。

```
#首先清除数据库中内容
127.0.0.1:6379> set name LiMing          #设置 name 的值
OK
127.0.0.1:6379> set age 20               #设置 age 的值
OK
127.0.0.1:6379> Keys *                   #获取当前数据库中的所有 Key
1） "name"
2） "age"
127.0.0.1:6379> Exists name              #判断是否存在 name 键
（integer） 1
127.0.0.1:6379> Exists name age          #判断多个键
（integer） 2
127.0.0.1:6379> Exists name1             #判断是否存在 name1 键
（integer） 0
127.0.0.1:6379> Move age 1               #将 age 移动到数据库 1
（integer） 1
127.0.0.1:6379> Exists age               #判断当前数据库是否存在 age 键
（integer） 0
127.0.0.1:6379> select 1                 #切换到数据库 1
OK
127.0.0.1:6379[1]> exists age            #判断数据库 1 是否存在 age 键
（integer） 1
127.0.0.1:6379[1]> get age               #获取数据库 1 中 age 的数据
"20"
```

5. Redis 散列（Hash）命令

Hash（散列）是 Redis 的一种字典存储数据结构，其中存储了字段和字段值的映射，一个 Hash 对象可以存储多个键值对元素，底层由散列表实现。Hash 包含 HSET、HMSET 和 HGET 等基本命令。

（1）HSET 命令

基本功能：为散列表中的字段赋值，如果散列表不存在，将创建一个新的散列表并进行 HSET 操作，如果字段已经存在于散列表中，则旧值将被覆盖。语法格式如下。

> 127.0.0.1:6379> HSET KEY_NAME FIELD VALUE

其中，KEY_NAME 为指定的散列表名，FIELD 是需要插入的键名，VALUE 为需要插入的值。

（2）HMSET 命令

基本功能：同时将多个 FIELD-VALUE1（字段-值）对设置到散列表中，如果字段已经存在于散列表中，则旧值将被覆盖。语法格式如下。

> 127.0.0.1:6379> HMSET KEY_NAME FIELD1 VALUE1 ...FIELDN VALUEN

（3）HGET 命令

基本功能：返回散列表中一个字段的值。如果给定的字段或 Key 不存在，则返回 nil。语法格式如下。

> HGET KEY_NAME   FIELD_NAME

（4）HGETALL 命令

基本功能：返回散列表中所有的字段和值。语法格式如下。

> HGETALL KEY_NAME

其中，HGETALL 命令以列表形式返回散列表的字段和字段值。若 Key 不存在，则返回空列表。

（5）HMGET 命令

基本功能：返回散列表中一个或多个给定字段的值。如果指定的字段未存在于散列表中，那么返回一个 nil 值。语法格式如下。

> redis 127.0.0.1:6379> HMGET KEY_NAME FIELD1...FIELDN

其中，如果一个散列表中包含多个给定字段的关联值，则值的排列顺序和指定字段的请求顺序一样。

（6）HEXISTS 命令

基本功能：查看散列表的指定字段是否存在。语法格式如下。

> 127.0.0.1:6379> HEXISTS KEY_NAME FIELD_NAME

其中，如果散列表含有给定字段，则返回 1；如果散列表不含给定字段或 Key 不存在，则返回 0。

（7）HDEL 命令

基本功能：删除散列表 Key 中的一个或多个指定字段，不存在的字段将被忽略。语法格式如下。

```
127.0.0.1:6379> HDEL KEY_NAME FIELD1...FIELDN
```

其中，成功删除字段的数量不包括被忽略的字段。

例如，使用 Hash 存储图书的书号（Bookid）、书名（BookName）、作者（author），显示图书信息，然后删除图书信息。

```
127.0.0.1:6379>HMSET H1 Bookid "001" BookName "Redis" author "Mis Zhand"
OK
127.0.0.1:6379> HMGET H1 Bookid BookName author
1）"001"
2）"Redis"
3）"Mis Zhand"
127.0.0.1:6379> HGETAll H1
1）"Bookid"
2）"001"
3）"BookNmae"
4）"Redis"
5）"author"
6）"Mis Zhand"
127.0.0.1:6379> HDEL H1 Bookid BookName author
（integer） 3
127.0.0.1:6379> HGETAll H1
（empty list or set）
```

语句说明如下。

第 1 行使用 HMSET 命令将 3 个键值对设置到 H1 中，分别表示书号（Bookid）、书名（BookName）、作者（author）；第 3 行用 HMGET 命令显示 H1 中 3 个键值；第 7 行使用了 HGETALL H1 中所有键值对；第 14 行使用 HDEL 命令删除指定的字段。

6. Redis 列表（List）命令

List（列表）是 Redis 基于列表实现的一种基本数据结构，用于存储有序元素集合。List 支持从左、右两端入栈、出栈、索引等操作，使用非常灵活，可以作为队列、栈等数据结构使用。List 的基本操作有 LPUSH、RPUSH、LPOP、RPOP、LLEN、LINDEX 和 LRANGE 等。

（1）LPUSH 和 RPUSH 命令

基本功能：从左端或右端添加新元素。语法格式如下。

```
LPUSH   ListName Value1 Value2...
RPUSH   ListName Value1 Value2...
```

其中，ListName 为列表名，Value1、Value2……为指定的元素值，至少要指定一个添加的元素值。

（2）LPOP 和 RPOP 命令

基本功能：从左端或右端删除一个元素，并返回该元素的值，如果列表为空，则返回 nil。语法格式如下。

```
LPOP   ListName
RPOP   ListName
```

其中，ListName 为列表名。

（3）LLEN 命令

基本功能：获取列表长度。语法格式如下。

```
LLEN   ListName
```

（4）LINDEX 命令

基本功能：获取列表指定元素的值。语法格式如下。

```
LINDEX ListName Index
```

其中，ListName 为列表名，Index 为位置。如果 Index 为正值，则表示从表头开始向表尾搜索；如果 Index 为负值，则表示从表尾向表头搜索，如 LINDEX ListName 0 表示获取列表 ListName 的第 1 个元素，LINDEX ListName -2 表示获取列表 ListName 倒数第 2 个元素。

（5）LRANGE 命令

基本功能：读取指定范围的元素。语法格式如下。

```
LRANGE ListName Start End
```

其中，ListName 为列表名，Start、End 分别为开始读取与结束读取的位置，当 End 值指定为-1 时，表示取值到列表尾部。

例如，依次从左端向 mylist 列表添加 Num1、Num2、Num3 三个元素，从右端依次添加 One、Two 两个元素。依次显示 mylist 列表所有内容、列表位置 1~3 的内容，从右端删除一个元素后列表的内容。

```
127.0.0.1:6379> lpush mylist Num1 Num2 Num3
（integer） 3
127.0.0.1:6379> rpush mylist One Two
（integer） 5
127.0.0.1:6379> lrange mylist 0 ~1
1） "Num3"
2） "Num2"
3） "Num1"
4） "One"
5） "Two"
127.0.0.1:6379> lrange mylist 1 3
1） "Num2"
2） "Num1"
```

```
3 ）  "One"
127.0.0.1:6379> rpop mylist
"Two"
127.0.0.1:6379> lrange mylist 0 ~1
1 ）  "Num3"
2 ）  "Num2"
3 ）  "Num1"
4 ）  "One"
127.0.0.1:6379>
```

（6）LINSERT 命令

基本功能：在列表参照值之前或之后插入一个值。语法格式如下。

LINSERT ListName BEFORE|AFTER PValue NewValue

其中，ListName 为列表名，PValue 是插入值的参照元素，NewValue 是新插入值，BEFORE|AFTER 是"在之前"或"在之后"选项，如果 PValue 插入成功，则返回列表长度；如果在列表中不存在 PValue，则返回 0。

（7）LTRIM 命令

基本功能：裁剪列表。语法格式如下。

LTRIM ListName Start End

其中，ListName 为列表名，Start 和 End 分别是裁剪的起始位置和结束位置，裁剪后列表其余内容将被删除。

（8）LSET 命令

基本功能：修改列表指定位置的元素。语法格式如下。

LSET ListName Index Value

其中，ListName 为列表名，Index 为指定元素的位置，Value 为指定的修改值。

（9）RPOPLPUSH 命令

基本功能：从列表末端弹出一个元素，将此元素添加到另一个列表中。语法格式如下。

RPOPLPUSH SourceList DesList

其中，SourceList 为源列表，DesList 为目标列表。每次操作，从源列表取出一个元素，加入目标列表，当源列表为空时，返回 nil。

例如，将"Hello""Good""OK"3 个元素加入 MyList 列表，移除 MyList 列表中最后一个元素并将移除的元素添加到 OtherList 列表中。最后显示 MyList 和 Otherlist 内容。

```
127.0.0.1:6379> RPUSH MyList "Hello"
（integer） 1
127.0.0.1:6379> RPUSH MyList "Good"
（integer） 2
127.0.0.1:6379> RPUSH MyList "OK"
（integer） 3
```

```
127.0.0.1:6379> RPOPLPUSH MyList OtherList
"OK"
127.0.0.1:6379> LRANGE MyList 0 ~1
1）"Hello"
2）"Good"
127.0.0.1:6379> LRANGE OtherList 0 ~1
1）"OK"
```

7. Redis 集合（Set）命令

Set（集合）指由不重复且无序的字符串元素构成的一个整体。一个集合中的所有字符串都是唯一的，所有字符串值的读写可以是任意的。集合中最大的成员数为 $2^{32}-1$。

使用 sadd 命令可以添加一个 String 元素到 Key 对应的集合中，如果添加成功，则返回 1；如果元素已经在集合中，则返回 0。语法格式如下。

```
sadd key member
```

例如，向集合 mySet 中添加 Redis、MySQL、MongoDB 元素并显示。

```
127.0.0.1:6379> DEL mySet
127.0.0.1:6379> sadd mySet Redis
（integer）1
127.0.0.1:6379> sadd mySet MySQL
（integer）1
127.0.0.1:6379> sadd mySet MongoDB
（integer）1
127.0.0.1:6379> sadd mySet MongoDB
（integer）0
127.0.0.1:6379> smembers mySet
1）"Redis"
2）"MySQL"
3）"MongoDB"
```

8. Redis 有序集合（Zset）命令

Redis 中的 Zset（有序集合）命令和 Set 命令一样，也是 String 类型元素的集合，命令中不允许出现重复的成员，二者的区别是 Zset 命令中每个元素都会关联一个 double 类型的分数（score），Redis 通过分数将集合中的成员（member）按从小到大的顺序排序。Zset 的成员是唯一的，但分数可以重复。

使用 ZADD 命令可以添加一个 String 元素到 key 对应的 Zset 集合中，如果添加成功，则返回 1；如果元素已经在 Zset 中，则返回 0。语法格式如下。

```
ZADD key score member [score member ...]
```

语法说明如下。

- key：指定一个键名。
- score：分数，用来描述 member，它是实现排序的关键。
- member：要添加的成员（元素）。

如果 key 不存在，将会创建一个新的有序集合，并把 score/member 添加到有序集合中；如果 key 存在，但 key 并非 Zset 类型，就不能完成添加成员的操作，将会返回一个错误提示。

例如，向集合 myzset 中添加"Redis""MySQL""MongoDB"元素，并显示有序集合信息。

```
127.0.0.1:6379> DEL myzset
127.0.0.1:6379> zadd myzset 0 Redis
（integer）1
127.0.0.1:6379> zadd myzset 0 MySQL
（integer）1
127.0.0.1:6379> zadd myzset 0 MongoDB
（integer）1
127.0.0.1:6379> zadd myzset 0 MongoDB
（integer）0
127.0.0.1:6379> ZRANGEBYSCORE myzset 0 1000
1）"MongoDB"
2）"MySQL"
3）"Redis"
```

 注意 有序集合中的 ZRANGEBYSCORE 命令用于返回有序集合 key 中所有 score 值介于 min 和 max 之间（包括等于 min 或 max）的 member。有序集合中的 member 按 score 值递增（从小到大）次序排列。

9. Redis 发布/订阅命令

Redis 发布/订阅（pub/sub）是一种消息通信模式：发送者（pub）发送消息，订阅者（sub）接收消息。Redis 客户端可以订阅任意数量的频道，Redis 发布/订阅命令主要包含以下几个。

（1）SUBSCRIBE 命令

SUBSCRIBE 命令用于订阅给定的一个或多个频道的信息。语法格式如下。

```
127.0.0.1:6379> SUBSCRIBE channel [channel ...]
```

返回值：接收到的信息。
举例如下。

```
127.0.0.1:6379> SUBSCRIBE mychannel
Reading messages...（press Ctrl-C to quit）
1）"subscribe"
```

2）"mychannel"
3）（integer）1
1）"message"
2）"mychannel"
3）"good morning"

（2）PUBLISH 命令

PUBLISH 命令用于将信息发送到指定的频道。语法格式如下。

```
127.0.0.1:6379> PUBLISH channel message
```

返回值：接收到信息的订阅者数量。

举例如下。

```
127.0.0.1:6379> PUBLISH mychannel "good morning"
（integer）1
```

（3）PSUBSCRIBE 命令

PSUBSCRIBE 命令用于订阅一个或多个符合给定模式的频道。每个模式以"*"作为匹配符，比如"it*"匹配所有以 it 开头的频道（it.news、it.blog、it.tweets 等）；"news.*"匹配所有以"news."开头的频道（news.it、news.global.today 等）。语法格式如下。

```
127.0.0.1:6379> PSUBSCRIBE pattern [pattern …]
```

返回值：接收到的信息。

举例如下。

```
127.0.0.1:6379> PSUBSCRIBE mychannel
Reading messages … （press Ctrl-C to quit）
1）"psubscribe"
2）"mychannel"
3）（integer）1
```

（4）PUNSUBSCRIBE 命令

PUNSUBSCRIBE 命令用于退订所有给定模式的频道。语法格式如下。

```
127.0.0.1:6379> PUNSUBSCRIBE [pattern [pattern …]]
```

返回值：这个命令在不同的客户端中有不同的返回值。

举例如下。

```
127.0.0.1:6379> PUNSUBSCRIBE mychannel
1）"punsubscribe"
2）"a"
3）（integer）1
```

（5）UNSUBSCRIBE 命令

UNSUBSCRIBE 命令用于退订给定的一个或多个频道的信息。语法格式如下。

```
127.0.0.1:6379> UNSUBSCRIBE channel [channel ...]
```

返回值：这个命令在不同的客户端中有不同的返回值。

举例如下。

```
127.0.0.1:6379> UNSUBSCRIBE mychannel
1）"unsubscribe"
2）"a"
3）（integer） 0
```

（6）PUBSUB 命令

PUBSUB 命令用于查看订阅与发布系统的状态，它由几个不同格式的子命令组成。基本语法如下。

```
127.0.0.1:6379> PUBSUB <subcommand> [argument [argument ...]]
```

返回值：由活跃频道组成的列表。

举例如下。

```
127.0.0.1:6379> PUBSUB CHANNELS
（empty list or set）
```

10. Redis 事务命令

Redis 事务可以一次执行多个命令，并且有以下 3 个重要保证。

- 批量操作在发送 EXEC 命令前被放入队列缓存。
- 收到 EXEC 命令后进行事务执行，事务中任意命令执行失败，其他命令依然能被执行。
- 在事务执行过程中，其他客户端提交的命令请求不会插入事务执行命令序列中。

一个事务从开始到执行会经历 3 个阶段：开始事务、命令入队、执行事务。

（1）MULTI 命令

MULTI 命令用于标记一个事务块的开始。

事务块内的多条命令会按照先后顺序被放进一个队列中，最后由 EXEC 命令原子性（atomic）地执行。语法格式如下。

```
127.0.0.1:6379> MULTI
```

返回值：总是返回 OK。

单个 Redis 命令的执行是原子性的，但 Redis 没有在事务上增加任何维持原子性的机制，所以 Redis 事务的执行并不是原子性的。事务可以理解为一个打包的批量执行脚本，但批量指令并非原子化的操作，中间某条指令的失败不会导致前面已执行指令的回滚，也不会造成后面的指令不能执行。

（2）EXEC 命令

EXEC 命令用于执行所有事务块内的命令。语法格式如下。

```
127.0.0.1:6379> EXEC
```

返回值：事务块内所有命令的返回值按命令执行的先后顺序排列，当操作被中断时，返回空值 nil。

例如，使用 EXEC 命令标记事务开始，多条命令按顺序入队并执行。

```
127.0.0.1:6379> MULTI                    #标记事务开始
OK
127.0.0.1:6379> INCR userName            #多条命令按顺序入队
QUEUED
127.0.0.1:6379> INCR userName
QUEUED
127.0.0.1:6379> PING
QUEUED
127.0.0.1:6379> EXEC                      #执行
1）（integer）1
2）（integer）2
3）PONG
```

（3）DISCARD 命令

DISCARD 命令用于取消事务，放弃执行事务块内的所有命令。语法格式如下。

```
127.0.0.1:6379> DISCARD
```

返回值：总是返回 OK。

例如，使用 DISCARD 命令取消事务，放弃执行事务块内的所有命令。

```
127.0.0.1:6379> MULTI
OK
127.0.0.1:6379> PING
QUEUED
127.0.0.1:6379> SET MyKey "Hello"
QUEUED
127.0.0.1:6379> get MyKey
QUEUED
127.0.0.1:6379> DISCARD
OK
127.0.0.1:6379> get MyKey
（nil）
```

（4）WATCH 命令

WATCH 命令用于监视一个或多个 Key，如果在事务执行之前这个（或这些）Key 被其他命令改动，那么事务将被打断。语法格式如下。

```
WATCH key [key ...]
```

返回值：总是返回 OK。
举例如下。

```
127.0.0.1:6379> WATCH lock lock_times
OK
```

（5）UNWATCH 命令
UNWATCH 命令用于取消 WATCH 命令对所有 Key 的监视。语法格式如下。

```
127.0.0.1:6379> UNWATCH
```

返回值：总是返回 OK。
举例如下。

```
127.0.0.1:6379> WATCH lock lock_times
OK
127.0.0.1:6379> UNWATCH
OK
```

11. Redis 其他命令

Redis 命令不区分大小写，在客户端命令行提供代码提示，读者不必死记语法参数。除上面介绍的 Redis 命令外，还有很多其他 Redis 命令，读者可通过 Redis 官网命令中心查看各种命令的功能和使用方法。

8.2 Redis 交互

前面操作都是通过 Redis 的命令行客户端 redis-cli 进行的，并没有介绍在实际编程时如何操作 Redis。下面分别介绍 Node.js、PHP、Python 和 Java 与 Redis 客户端的交互使用方法。

8.2.1 Node.js 与 Redis 交互

Redis 官方推荐的 Node.js Redis 客户端是 node_redis 和 ioredis，前者发布时间较早，而后者的功能更加丰富。从接口来看，两者的使用方法大同小异，本节以 ioredis 为例进行讲解。

1. 安装 ioredis

使用 NPM、INSTALL、IOREDIS 命令安装最新版本的 ioredis。

2. 使用方法

首先加载 ioredis 模块。

```
VarRedis=require('ioredis');
```

创建一个默认连接到地址 127.0.0.1、端口为 6379 的 Redis 连接，代码如下。

```
varredis= nnewRedis();
```

创建一个指定连接地址和端口的 Redis 连接，代码如下。

```
varredis = newRedis(6379,'127.0.0.1');
```

由于 Node.js 的异步特性，它在处理返回值时与其他客户端有较大差别。以 get/set 命令为例。

```
redis.set('good','redis',function(){
    //此时 set 命令执行完并返回结果，因为这里并不关心 set 命令的结果，所以我们省略了回调函数的形参
    redis.get('good',function (error, MyValue){
        //error 参数存储了命令执行时返回的错误信息，如果没有错误信息，则返回 null
        //回调函数的第二个参数存储的是命令执行的结果
        console.log(MyValue)    //'redis'
    });
});
```

使用 ioredis 执行命令时需要传入回调函数来获取返回值，命令执行完返回结果后，ioredis 会调用该函数，并将命令的错误信息作为第一个参数，将返回值作为第二个参数传递给该函数。同时 ioredis 还支持 Promise 形式的异步处理方式，如果省略最后一个回调函数，命令语句返回一个 Promise 值，例如，

```
redis.get('good').then(function (MyValue){
    //MyValue 即为键值
});
```

Node.js 的异步模型使得通过 ioredis 调用 Redis 命令的表现与 Redis 的底层管道协议十分相似，调用命令函数时［如 redis.set()］并不会等待 Redis 返回命令执行结果，而是继续执行下一条语句，所以，在 Node.js 中通过异步模型就能实现与管道类似的效果。上面的例子中并不需要 set 命令的返回值，只要保证 set 命令在 get 命令前发出即可，所以不用等待 set 命令返回结果后再去执行 get 命令。因此，上面的代码可以改写为以下代码。

```
//不需要返回值时，可以省略回调函数
redis.set('good','redis');
redis.get('good',function(error,MyValue){
    console.log(MyValue);//'redis'
});
```

由于 set 和 get 并未真正使用 Redis 的管道协议发送，因此，当有多个客户端同时向 Redis 发送命令时，上例中的两个命令之间可能会被插入其他命令，也就是说，get 命令得到的未必是"redis"值。

虽然 Node.js 的异步特性带来了相对更高的性能，但是我们使用 Redis 实现某个功能时经常需要读写若干个键，而且很多情况下都会依赖之前命令的返回结果。这时就会出现嵌套多重回调函数的情况，影响代码可读性。为了减少嵌套，可以考虑使用 async、step 等第三方模块，代码如下。

```
async.waterfall([
    function (callback){
        redis.get('people:2:home', callback);
    },
    function (home, callback){
        redis.hget('locations', home, callback);
    },
    function (address, callback){
        async.parallel([
    function (callback){
        redis.exists('address:' + address, callback);
    },
    function (callback) {
        redis.exists('backup.address:' + address, callback);
    },
    function (err, results){
        if(results[0]){
            console.log('地址存在.');
        }else if(results[1]){
            console.log('备用地址存在.');
        }else{
            console.log('地址不存在.');
        }
    });
    }
]);
```

3. 简便用法

（1）HMSET/HGETALL

ioredis 同样支持在 HMSET 命令中将对象作为参数（对象的属性值只能是字符串），相应的 HGETALL 命令会返回一个对象。

（2）事务

事务的用法如下。

```
var multi = redis.multi();
multi.set('good', 'redis');
multi.sadd('set', 'a');
mulit.exec(function(err, replies){
    //replies 是一个数组，依次存放事务队列中命令的结果
```

```
    console.log(replies);
});
```

（3）使用链式调用

```
redis.multi()
    .set('good','redis')
    .sadd('set','a')
    .exec(function (err, replies) {
    console.log(replies);
});
```

（4）"发布/订阅"模式

Node.js 使用事件的方式实现"发布/订阅"模式。下面创建两个连接分别充当发布者和订阅者。

```
var myvar1 = new Redis();
var myvar2 = new Redis();
```

然后让 myvar2 订阅 chat 频道并在订阅成功后发送以下消息。

```
myvar2.subscribe('chat',function() {
    myvar1.publish('chat', 'Hello!');
});
```

定义当接收到消息时要执行的回调函数，如下。

```
myvar2.on('message', function (channel, message) {
    console.log('收到'+channel+'频道的消息: '+ message);
});
```

运行以下指令。

```
$ node testpubsub.js
```

打印的结果如下。

收到 chat 频道的消息: "Hello!"

【例 8-1】Node.js 连接数据库，实现异步验证并读取验证信息，代码如下。

```
const redis = require("redis");
//连接 Redis
const client = redis.createClient({ host: "127.0.0.1", port: 6379 });
//使用事件发射器，检测错误
client.on("error", function (error) {
    console.error(error);
});
// 通过 console 来验证 Redis 的 API 是异步
console.log("Redis 的 API 异步验证");
client.set("name", "Hello Redis", redis.print);
```

```
console.log("存储键值");
client.get("name", redis.print);
console.log("读取键值");
// 退出 Redis
client.quit();
```

8.2.2　PHP 与 Redis 交互

Redis 官方推荐的 PHP Redis 客户端是 Predis 和 Phpredis。前者是完全使用 PHP 代码实现的原生客户端，后者则是使用 C 语言编写的 PHP 扩展。在功能上两者区别并不大，就性能而言，后者会更胜一筹。考虑到很多主机并未提供安装 PHP 扩展的权限，本节以 Predis 为例介绍如何在 PHP 中使用 Redis。

1. 安装 Predis

从 GitHub 主页中下载 Predis 的 zip 压缩包，下载后解压并将整个文件夹复制到项目目录中即可。

使用 Predis 时首先需要引入 autoload.php 文件。例如，如果该文件在 predis 文件夹中，则引入以下代码。

```
Require 'predis/autoloader.php';
```

Predis 使用了 PHP 5.3 版本中的命名空间特性，并支持 PSR-O 标准。autoload.php 文件通过定义 PHP 的自动加载函数实现了该标准，所以引入 autoload.php 文件后就可以根据命名空间和类名来自动载入相应的文件了。例如：

```
$redis = new Predis\client();
```

如果用户的项目使用的 PHP 框架已经支持了这一标准，那么无须再次引入 autoload.php。

2. 使用方法

首先创建一个 redis 的连接。

```
$redis= new Predis\client();
```

以上代码会默认 Redis 的地址：127.0.0.1，端口：6379。如果需要更改地址或端口,可以使用如下代码。

```
$redis = new Predis\client({
    'scheme'=> 'tcp',
    'host'=>'127.0.0.1',
    'port'=> 6379,
});
```

然后我们使用 get 命令进行测试。

```
echo $redis->get('myKey')
```

以上代码获得了键名为 myKey 的字符串类型键的值并输出，如果不存在，则会返回 NULL，当 myKey 键的类型不是字符串类型时会报异常，可以为该行代码加上异常处理。

```
try{
    echo $redis -> get('myKey')
}catch (Exception $e){
    echo "Message: {$e -> getMessage()}";
}
```

输出结果如下。

Message: ERR Operation against a key holding the wrong kind of value。

调用其他命令的方法和调用 get 命令的方法一样，例如执行 lpush numbers 1 2 3。

```
$redis -> lpush('numbers', '1', '2', '3');
```

3. 简便用法

为了使开发更方便，Predis 为许多命令提供了简便用法，这里选择几个典型的用法进行介绍。
（1）mget/mset
Predis 调用 mget/mset 命令时支持将 PHP 的关联数组直接作为参数。例如：

```
$userName = array(
'user:1:name' => 'ZhangS',
'user:2:name' => 'WangW'
);
//以上代码可以写为：
$redis -> mset('user:1:name', 'ZhangS','user:2:name', 'WangW');
$redis -> mset($userName);
```

同样 mget 命令支持一个数组作为参数。

```
$users = array_keys($userName);
print_r($redis->mget($users));
```

打印的结果如下。

```
Array
(
    [0] => ZhangS
    [1] => WangW
)
```

（2）hmset/hmget/hgetall
Predis 调用 HMSET 的方式和调用 MSET 的方式类似，例如：

```
$user1 = array(
    'name'=> 'ZhangS',
```

```
'age' => '32');
$redis -> hmset('user:1', $user1);
```

最方便的是使用 hgetall 命令，Predis 会将 Redis 返回的结果组装成关联数组返回。

```
$user = $redis -> hgetall('user:1');
echo $user['name'];     //'ZhangS'
```

（3）lpush/sadd/zadd

lpush 和 sadd 的调用方式类似。例如：

```
$items = array('a','b');
//相当于$redis->lpush('list','a','b');
$redis->lpush("list",$items);

//相当于$redis->sadd('set', 'a', "b');
$redis -> sadd('set',$items);
```

zadd 的调用方式如下。

```
$itemScore = array(
    'ZhangS' => '100',
    'WangW' => '89'
);
```

（4）SORT

在 Predis 中调用 SORT 命令的方式和调用其他命令的方式不同，必须将 SORT 命令中除键名外的其他参数作为关联数组传入函数中。例如，对于 "SORT mylist BY weight_* LIMIT 0 10 GETvalue_* GET# ASC ALPHASTORE result" 这条命令而言，使用 Predis 的调用方法如下。

```
array(
    'by' => 'pattern', //匹配模式
    'limit' => array(0, 1),
    'get' => 'pattern'
    'sort' => 'asc' or 'desc',
    'alpha' => TRUE,
    'store' => 'external-key'
)
```

8.2.3 Python 与 Redis 交互

Redis 支持 Python 语言接口，Python 环境下非常容易实现 Redis 的连接、读写。

1. 安装模块

安装 Python 客户端 redis-py 有两种方式，推荐使用 pip install redis 安装最新版本的 redis-py，也可以使用 easy_install redis。Redis 官方推荐的 Python Redis 客户端是 redis-py5。

2. 导入模块

导入模块的命令如下。

```
import redis
```

3. 连接模式

连接模式有以下两种。
- 严格连接模式：r=redis.StrictRedis(host="",port=)。
- Python 化的连接模式：r=redis.Redis(host="",port=)。

StrictRedis 用于实现大部分官方的命令，并使用官方的语法和命令。Redis 与 StrictRedis 的区别是：Redis 是 StrictRedis 的子类，用于向前兼容旧版本的 redis-py，并且这个连接方式更加 "Python 化"。

创建一个默认连接到地址 127.0.0.1，端口 6379 的 Redis 连接，代码如下。

```
r = redis.StrictRedis(host='127.0.0.1', port=6379)
```

【例 8-2】Python 连接 Redis 数据库，用 set 命令和 get 命令设置并获取值，代码如下。

```
import redis
r=redis.Redis(host='localhost',port=6379,decode_responses=True)
# r=redis.StrictRedis(host='localhost',port=6379)
r.set('key','value')
value=r.get('key')
# print(type(value))
print(value)
r.hset('info','name','zhangsan')
r.hset('info','age','20')
print(r.hgetall('info'))
r.sadd('course','PHP','Python','Java')
print(r.smembers('course'))
```

4. 事务和管道

（1）事务的使用方式

Redis 事务提供了一种 "将多个命令打包，然后一次性、按顺序地执行" 的机制，并且事务在执行的期间不会主动中断，服务器在执行完事务中的所有命令后，才会继续处理其他客户端的命令，示例代码如下。

```
pipe = r.pipeline()
pipe.set('foo', 'bar')
pipe.get('foo')
result = pipe.execute()
print(result) # [True, 'bar']
```

（2）管道的使用方式

一般情况下，执行一条命令后必须等待结果出现后才能输入下一条命令，管道用于在一次请求中执行多条命令。管道的使用方式和事务类似，需要在创建时加上参数 transaction=False，代码如下。其中，transaction 指所有的命令是否以原子方式执行。

```
pipe = r.pipeline(transaction=False)
```

【例 8-3】利用管道一次请求多个命令。

```
import redis,time
r=redis.Redis(host="localhost",port=6379,decode_responses=True)
pipe=r.pipeline(transaction=True)
pipe.set('p1','v2')
pipe.set('p2','v3')
pipe.set('p3','v4')
time.sleep(5)
pipe.execute()
```

8.2.4　Java 与 Redis 交互

1. 安装 Java 开发软件和 Redis 数据库

要想实现 Java 与 Redis 交互，则需要确保已经安装了 Redis 服务及 Java redis 驱动，并且能正常使用 Java，同时需要下载 jedis.jar 驱动包，并将驱动包加载到 classpath 所包含的文件夹中。

2. 连接到 Redis 服务

如果 Java 要获得 Redis 本地服务，访问 Redis 数据库，则必须连接数据库。

【例 8-4】连接本地服务，判断是否连接成功，Java 代码如下。

```
package connect;
import redis.clients.jedis.Jedis;
public class RedisJava {
    public RedisJava() {
        //TODO Auto-generated constructor stub
    }
    public static void main(String[ ] args) {
        //连接本地的 Redis 服务
        Jedis jedis = new Jedis("localhost");
        //如果 Redis 服务设置了密码"123456"，则需要下面这行代码；如果未设置密码，就不需要以下这
//一行代码
        //jedis.auth("123456");
        System.out.println("Java 连接 Redis 数据库成功");
        //查看服务是否运行
        System.out.println("服务正在运行: "+jedis.ping());
    }
}
```

编译并运行以上 Java 程序，运行结果如图 8-17 所示，说明连接成功。

```
Problems @ Javadoc @ Declaration @ Console
<terminated> RedisJava [Java Application] C:\Program Files\Java\jre1.8.0_191\bin\javaw.exe
Java连接Redis数据库成功
服务正在运行: PONG
```

图 8-17 Java 连接 Redis 数据库成功运行结果

3. Java String（字符串）实例

【例 8-5】连接本地 Redis 服务，如果连接成功，设置 Redis 字符串数据，Java 代码如下。

```java
package connect;
import redis.clients.jedis.Jedis;
public class RedisJavaStr {
    public RedisJavaStr() {
        // TODO Auto-generated constructor stub
    }
    public static void main(String[ ] args) {
        //连接本地的 Redis 服务
        Jedis jedis = new Jedis("localhost");
        //如果 Redis 服务设置了密码"123456"，则需要下面这行代码；如果没有密码，就不需要这行代码
        //jedis.auth("123456");
        System.out.println("Java 连接 Redis 数据库成功");
        //设置 redis 字符串数据
        jedis.set("RedisKey", "Connect Redis Ok");
        //获取存储的数据并输出
        System.out.println("redis 存储的字符串为: "+ jedis.get("RedisKey"));
    }
}
```

编译并运行以上 Java 程序，运行结果如图 8-18 所示，说明连接成功。

```
Problems @ Javadoc @ Declaration @ Console
<terminated> RedisJavaStr [Java Application] C:\Program Files\Java\jre1.8.0_191\bin\javaw.exe
Java连接Redis数据库成功
redis存储的字符串为: Connect Redis Ok
```

图 8-18 Java 成功连接 Redis 数据库并读取字符串数据结果

打开 Redis 客户端，读取 Redis 键值，运行结果如图 8-19 所示。

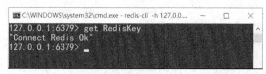

图 8-19 Redis 客户端读取 Redis 键值结果

4. Redis Java List（列表）实例

【例 8-6】将数据存储到列表中，编写 Java 程序代码。

```
package connect;
import java.util.Arrays;
import redis.clients.jedis.Jedis;
public class JavaRedisList {
    public static void main(String[ ] args) {
        //连接本地的 Redis 服务
        Jedis jedis = new Jedis("localhost");
        //如果 Redis 服务设置了密码"123456",则需要下面这行代码;如果未设置密码,就不需要这行代码
        //jedis.auth("123456");
        System.out.println("Java 连接 Redis 数据库成功");
        //存储数据到列表中
        jedis.lpush("Rlist", "Redis");
        jedis.lpush("Rlist", "MySQL");
        jedis.lpush("Rlist", "MongoDB");
        //获取存储的数据并输出
        System.out.println(jedis.lrange("Rlist", 0,2));
    }
}
```

编译以上程序,运行结果如图 8-20 所示。

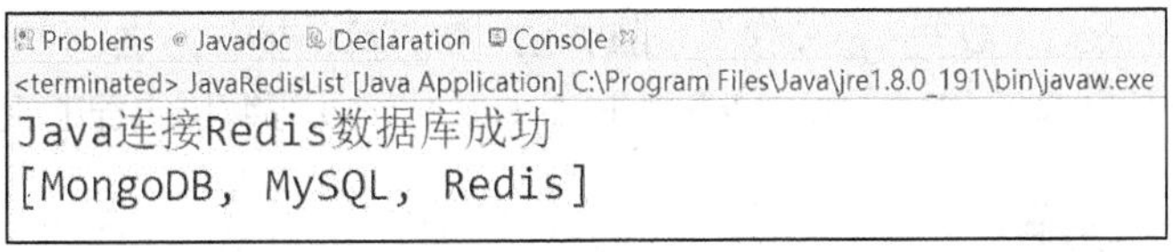

```
Problems  Javadoc  Declaration  Console 
<terminated> JavaRedisList [Java Application] C:\Program Files\Java\jre1.8.0_191\bin\javaw.exe
Java连接Redis数据库成功
[MongoDB, MySQL, Redis]
```

图 8-20   Java 读取 Redis 列表信息结果

5. Redis Java Keys 实例

【例 8-7】编写 Java 程序,获取数据并输出。

```
package connect;
import java.util.Iterator;
import java.util.Set;
import redis.clients.jedis.Jedis;
public class JavaRedisKey {
    public JavaRedisKey() {
        // TODO Auto-generated constructor stub
    }
    public static void main(String[ ] args) {
        //连接本地的 Redis 服务
        Jedis jedis = new Jedis("localhost");
        //如果 Redis 服务设置了密码"123456",则需要下面一行代码;如果未设置密码,就不需要以下这行代码
        //jedis.auth("123456");
        System.out.println("Java 连接 Redis 数据库成功");
        //获取数据并输出
        Set<String> keys = jedis.keys("*");
        Iterator<String> it=keys.iterator() ;
```

```
        while(it.hasNext()){
            String key = it.next();
            System.out.println(key);
        }
    }
}
```

编译以上程序，运行结果如图 8-21 所示。

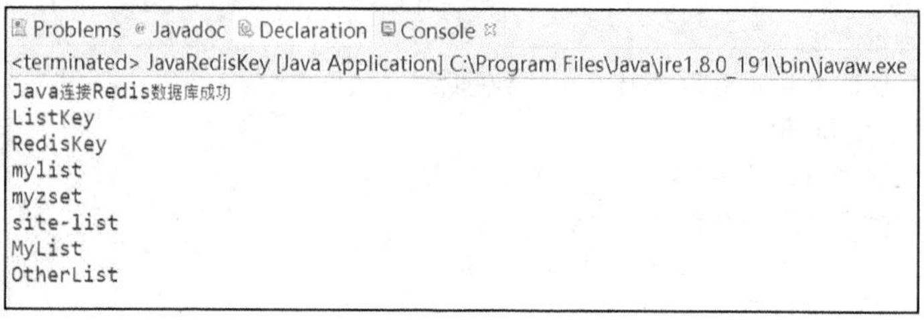

图 8-21　Java 获取 Redis 数据库键名结果

8.3　本章小结

通过本章的学习，读者对非关系数据库 Redis 有了初步的了解，理解了非关系数据库和 Redis 数据库的基本概念、Redis 数据库的安装及配置方法、数据库的操作方法、Redis 事务等。在此基础上，掌握 Redis 数据库与 Node.js、PHP、Python、Java 等编程语言的交互。

8.4　本章习题

1. 通过 Node.js 连接 Redis 数据库，实现异步验证并读取键值信息。

2. 通过 PHP 创建一个 Redis 连接，用 GET 命令读取键名，在 Predis 中调用 SORT 命令，用 SORT 命令读取除键名外的其他参数，以这些参数作为关联数组传入函数中。

3. 通过 Python 连接 Redis 数据库，用 SET 和 GET 命令设置和获取数据。

4. 通过 Java 连接本地 Redis 服务，如果连接成功，设置 Redis 字符串数据，例如"Java 能方便连接 Redis 数据库"，获取存储的数据并输出。

第 9 章
项目案例——个人任务管理系统

▶ 内容导学

通过对前面 8 章的学习，相信读者已经熟练掌握 Java、PHP 等几种编程语言与 MySQL 数据库的交互方法，为了更好地巩固所学的知识，本章将运用所学的知识开发一个综合项目——个人任务管理系统。

▶ 学习目标

① 熟悉软件的开发流程。

② 掌握 Java 编程语言，编写桌面应用程序和 Web 应用程序。

③ 掌握 Java 语言对 MySQL 数据库的"增删改查"操作。

9.1 项目介绍

9.1.1 项目背景

项目通过管理者对日常任务的管理与分配，实现企事业单位的内部协同办公、任务过程追踪和经验积累。

9.1.2 项目技术

1. Java 编程语言

Java 是一门面向对象的编程语言，不仅吸收了 C++ 语言中的各种优点，还摒弃了 C++ 中难以理解的多继承、指针等概念，因此 Java 语言具有功能强大和简单易用两个特征。Java 语言作为静态面向对象编程语言的代表，极好地实现了面向对象理论，允许程序员以优雅的思维方式进行复杂的编程。

Java 具有简单性、面向对象、分布式、健壮性、安全性、平台独立与可移植性、多线程、动态性等特点。Java 可以编写桌面应用程序、Web 应用程序、分布式系统和嵌入式系统应用程序等。

2. MySQL 数据库

MySQL 是一个关系数据库管理系统，关系数据库将数据保存在不同的表中，而不是将所有数据放在一个大仓库内，这样就加快了存取速度并提高了灵活性。它有体积小、速度快、源码开放、可定制、可修改源码、跨平台、支持大型数据库等优点。

9.2 实训说明

9.2.1 项目信息

1. 基本信息

本项目是基于 MVC 思想实现的个人任务管理系统，采用的技术包括：Bootstrap、jQuery、JDBC、JSTL 及 EL。用户可以使用该系统自行注册账户信息、修改个人信息、创建新的个人任务、查看待完成任务列表、开始任务、结束任务及查看已完成任务列表等。

2. 项目涉及的知识

Java 程序设计基础、Java 高级程序设计、MySQL 数据库和网页设计等基本知识。

3. 项目功能

项目的主要功能如下。
（1）注册、登录、修改个人信息、退出系统。
（2）新建任务、待完成任务、开始任务、历史任务列表。

9.2.2 实训准备

1. 硬件准备

计算机、鼠标、键盘。

2. 软件准备

（1）Tomcat 8.0 或 Tomcat 8.5。
（2）MySQL 5.7 数据库。
（3）Eclipse JEE 版开发工具。
（4）Postman 接口调试工具。

3. 数据库表结构

（1）user 表（用户信息表）
user 表字段如表 9-1 所示。

表 9-1   user 表字段

列名	数据类型	长度	是否允许为空	是否主键	说明
id	Int	11	否	是	用户 id
Name	varchar	255	否	否	用户名
realname	varchar	255	否	否	用户真实姓名
password	varchar	255	否	否	用户登录密码

（2）task 表（任务信息表）

task 表字段如表 9-2 所示。

表 9-2   task 表字段

列名	数据类型	长度	是否允许为空	是否主键	说明
id	int	11	否	是	任务 id
userid	int	11	否	是	任务所属用户编号
name	varchar	255	否	否	任务名称
description	varchar	255	否	否	任务描述
level	int	2	否	否	任务紧急程度
cost	decimall(10,2)	10	是	否	任务耗时（以分钟计）
due	datetime		否	否	任务截止时间
status	int	2	否	否	任务状态，1 表示新建任务、2 表示开始执行任务，3 表示任务执行结束
start	datetime		是	否	任务开始时间
end	datetime		是	否	任务完成时间

4. 数据库表的创建

创建数据库表的 SQL 语句如下。

```
SET NAMES utf8mb4;
SET FOREIGN_KEY_CHECKS = 0;
-- ----------------------------
-- task 表结构的创建
-- ----------------------------
DROP TABLE IF EXISTS 'task';
CREATE TABLE 'task' (
    'id' int(11) NOT NULL AUTO_INCREMENT,
    'userid' int(11) NOT NULL,
    'name' varchar(255) CHARACTER SET utf8 COLLATE utf8_general_ci NULL DEFAULT NULL,
    'description' text CHARACTER SET utf8 COLLATE utf8_general_ci NULL,
    'level' int(255) NULL DEFAULT NULL,
    'cost' decimal(10, 2) NULL DEFAULT NULL,
    'due' datetime(0) NULL DEFAULT NULL,
    'status' int(255) NULL DEFAULT NULL,
```

```
        'start' datetime(0) NULL DEFAULT NULL,
        'end' datetime(0) NULL DEFAULT NULL,
        PRIMARY KEY ('id') USING BTREE,
        INDEX 'user' ('userid') USING BTREE,
        CONSTRAINT 'user' FOREIGN KEY ('userid') REFERENCES 'users' ('id') ON DELETE
RESTRICT ON UPDATE RESTRICT
    ) ENGINE = InnoDB AUTO_INCREMENT = 35 CHARACTER SET = utf8 COLLATE =
utf8_general_ci ROW_FORMAT = Dynamic;
    -- ------------------------------
    -- users 表结构的创建
    -- ------------------------------
    DROP TABLE IF EXISTS 'users';
    CREATE TABLE 'users' (
        'id' int(11) NOT NULL AUTO_INCREMENT,
        'name' varchar(255) CHARACTER SET utf8 COLLATE utf8_general_ci NULL DEFAULT NULL,
        'realname' varchar(255) CHARACTER SET utf8 COLLATE utf8_general_ci NULL DEFAULT NULL,
        'password' varchar(255) CHARACTER SET utf8 COLLATE utf8_general_ci NULL DEFAULT NULL,
        PRIMARY KEY ('id') USING BTREE
    )ENGINE=InnoDB AUTO_INCREMENT = 9 CHARACTER SET = utf8 COLLATE = utf8_general_ci
ROW_FORMAT = Dynamic;
    SET FOREIGN_KEY_CHECKS = 1;
```

9.3 项目实施

9.3.1 首页

1. 主程序窗口界面

项目运行后，首先显示个人任务管理系统界面，如图 9-1 所示。

图 9-1　个人任务管理系统界面

2. 设计要求

（1）访问 localhost:8080/mvc_task/index.do，进入个人任务管理系统首页。

（2）首页顶部显示导航栏：未登录时显示个人任务管理系统，右侧为注册和登录模块。

（3）中间部分为个人任务管理系统介绍。

3. 实现思路

（1）用户访问项目地址：localhost:8080/mvc_task/index.do。

（2）index 请求会交由 HomeAction 的 index 方法处理，该方法返回 index 字符串。

（3）前端控制器使用 index 字符串查找 web-inf/views/index.jsp，从而显示首页。header.jsp 为页面结构的开始，其中包含 HTML\<body>标签；nav.jsp 文件中放置的是与页面导航相关的内容；footer.jsp 为页面结构结束的部分，主要包含\</body>之后的内容，用于和 header.jsp 构成一个完整的 jsp 页面，每一个独立显示的页面都包含以上 3 个部分，放置当前业务逻辑所需的页面内容。

4. 程序代码

（1）Index.jsp 代码

```
<%@page pageEncoding="utf-8" %>
<%@include file="header.jsp"%>
<%@include file="nav.jsp"%>
<main role="main" class="container">
<div class="row">
    <div class="col-md-12">
    <div class="jumbotron">
    <h2>
        个人任务管理系统
    </h2>
    <p>
        用于记录提醒个人工作及生活、学习等事务，用户可以自定义任务分类，不同任务使用不同图标显示。
    </p>
    <p>
        <a class="btn btn-primary btn-large" href="#">了解更多</a>
    </p>
    </div>
    </div>
</div>
</main>
<%@include file="footer.jsp"%>
<%@taglib prefix="c" uri="http://java.sun.com/jsp/jstl/core"%>
<%@taglib prefix="fn" uri="http://java.sun.com/jsp/jstl/functions"%>
<%@page pageEncoding="utf-8"%>
    <nav class="navbar navbar-expand navbar-light bg-light">
    <button class="navbar-toggler" type="button" data-toggle="collapse" data-target="#bs-example-navbar-collapse-1">
    <span class="navbar-toggler-icon"></span></button>
    <a class="navbar-brand" href="#">个人任务管理系统</a>
    <div class="collapse navbar-collapse"
```

```
        id="bs-example-navbar-collapse-1">
        <c:if test="${!empty(user) }">
        <ul class="navbar-nav">
        <a id="modal-new" href="#modal-container-new" role="button" class="btn" data-toggle="modal">
新建任务</a></li>
        <li class="nav-item ${functions=="current_task"?'active':"}"><a class="nav-link" href="/mvc_task/
task/current_task.do">当前任务 <span
    class="sr-only">(current)</span></a></li>
        <li class="nav-item ${functions=="history_task"?'active':"}">
        <a class="nav-link" href="/mvc_task/task/history_task.do">历史任务</a>
        </li>
        </ul>
        <form class="form-inline"><input class="form-control mr-sm-2" type="text" /><button class="btn
btn-primary my-2 my-sm-0" type="submit">搜索</button></form>
        </c:if>
        <ul class="navbar-nav ml-md-auto"><c:if test="${empty(user) }"><li class="nav-item "><a id=
"modal-register"
        href="#modal-container-register" role="button" class="btn" data-toggle="modal">注册</a></li><li
class="nav-item "><a id="modal-login" href="#modal-container-login" role="button" class="btn"
        data-toggle="modal">登录</a></li></c:if>
        <c:if test="${!empty(user) }">
        <li class="nav-item dropdown"><a
        class="nav-link dropdown-toggle" href=""
        id="navbarDropdownMenuLink" data-toggle="dropdown">${!empty(user)?user.realname:"}</a>
        <div class="dropdown-menu dropdown-menu-right" aria-labelledby="navbarDropdownMenuLink">
<a id="modal-personal"
        href="#modal-container-personal" role="button" class="btn" data-toggle="modal">修改个人信息
</a><div class="dropdown-divider"></div>
        <a class="dropdown-item" href="#" id="logout">退出</a></div></li></c:if></ul>
        </div>
        </nav>
    <!--注册模态框-->
    <div class="row">
    <div class="col-md-12">
    <div class="modal fade" id="modal-container-register" role="dialog"
    aria-labelledby="myModalLabel" aria-hidden="true">
    <div class="modal-dialog" role="document">
    <div class="modal-content">
    <div class="modal-header">
    <h5 class="modal-title" id="myModalLabel">注册</h5>
    <button type="button" class="close" data-dismiss="modal">
    <span aria-hidden="true">×</span>
    </button>
    </div>
    <div class="modal-body"><form role="form" action="${pageContext.servletContext.contextPath}/
register.do" method="post" name="reg" id="reg_form"><div class="form-group">
    <label for="name"> 登录名 </label><input type="text" name="name" autocomplete="name" class=
"form-control" id="reg_user" /></div>
```

```html
        <div class="form-group"><label for="reg_realname"> 真实姓名 </label><input type="text" name=
"realname" autocomplete="username" class="form-control" id="reg_realname" /></div>
        <div class="form-group"><label for="reg_password"> 密码 </label><input type="password" name=
"password" autocomplete="new-password"
    class="form-control" id="reg_password" /></div>
        <div class="form-group"><label for="reg_password"> 确认密码 </label><input type="password"
name="password2" autocomplete="current-password" class="form-control"
    id="reg_password2" />
    </div>
    </form>
    </div>
    <div class="modal-footer">
    <button type="button" class="btn btn-primary" id="register_send">
注册</button>
    <button type="button" class="btn btn-secondary"
data-dismiss="modal">关闭</button>
    </div></div></div></div></div></div>
    <!--注册模态框-->
    <div class="row">
    <div class="col-md-12">
        <div class="modal fade" id="modal-container-personal" role="dialog"
        aria-labelledby="myModalLabel" aria-hidden="true">
        <div class="modal-dialog" role="document">
        <div class="modal-content">
        <div class="modal-header">
        <h5 class="modal-title" id="ModalLabel">修改个人信息</h5>
        <button type="button" class="close" data-dismiss="modal">
            <span aria-hidden="true">×</span>
        </button>
        </div>
        <div class="modal-body"><form role="form" action="${pageContext.servletContext.contextPath}/
modifypersonal.do" method="post" name="reg" id="personal_form">
            <input type="hidden" name="id" value="${user.id}" />
            <input type="hidden" name="name" value="${user.name}" />
            <div class="form-group"><label for="personal_realname"> 真实姓名 </label><input type=
"text" name="realname" autocomplete="realname" class="form-control" value="${user.realname}" id=
"personal_realname" /></div><div class="form-group"><label for="personal_password"> 密码 </label>
<input type="password" name="password" autocomplete="new-password"  value="${user.password}"
class="form-control" id="personal_password" /></div><div class="form-group">
        <label for="personal_password"> 确认密码 </label><input type="password" name="password2"
autocomplete="current-password" class="form-control"  value="${user.password}"
        id="personal_password2" />
        </div></form></div>
        <div class="modal-footer"><button type="button" class="btn btn-primary" id="personal_send">修
改 </button><button type="button" class="btn btn-secondary" data-dismiss="modal"> 关闭 </button>
</div></div>
        </div></div></div></div><div class="row">
        <div class="col-md-12">
```

```
<div class="modal fade" id="modal-container-login" role="dialog"
    aria-labelledby="myModalLabel" aria-hidden="true">
<div class="modal-dialog" role="document">
<div class="modal-content">
<div class="modal-header">
    <h5 class="modal-title" id="myModalLabel">登录</h5>
    <button type="button" class="close" data-dismiss="modal">
        <span aria-hidden="true">×</span>
    </button>
</div>
<div class="modal-body"><form role="form" method="post" action="${pageContext.servletContext.
contextPath}/login.do" id="logon_form"><div class="form-group"><label for="name"> 用户名 </label>
<input type="text" name="name" autocomplete="name" class="form-control" id="username" /></div><div
class="form-group">
    <label for="password"> 密码 </label><input type="password" name="password" autocomplete=
"current-password" class="form-control" id="password" /></div></form></div>
<div class="modal-footer">
<button type="button" class="btn btn-primary" id="logon_send">
    登录</button>
    <button type="button" class="btn btn-secondary"
        data-dismiss="modal">关闭</button>
</div></div></div></div></div></div>
<div class="row">
    <div class="col-md-12">
    <div class="modal fade" id="modal-container-new" role="dialog"
        aria-labelledby="myModalLabel" aria-hidden="true">
    <div class="modal-dialog" role="document">
    <div class="modal-content">
    <div class="modal-header">
        <h5 class="modal-title" id="myModalLabel">新建任务</h5><button type="button" class=
"close" data-dismiss="modal"><span aria-hidden="true">×</span>
    </button>
    </div>
    <div class="modal-body">
    <form role="form" id="new_task_form"><div class="form-group">
    <label for="task_name"> 任务名称 </label><input type="text"
    class="form-control" name="name" id="task_name" />
    </div><div class="form-group"><label for="task_desc"> 任务描述 </label><textarea name=
"description" class="form-control"
    id="task_desc"></textarea>
    </div>
<div class="form-group"><label for="task_level">任务级别</label><select
class="form-control" name="level" id="task_level"><option value="1">特急</option>
<option value="2">紧急</option>
<option value="3">常规</option></select></div>
<div class="form-group">
    <!-- datetime-local -->
    <label for="task_due">截止日期</label><input
```

```
        type="datetime-local" class="form-control" name="due"
        id="task_due" /></div></form></div>
<div class="modal-footer"><button type="button" class="btn btn-primary" id="task_new">新建</button>
<button type="button" class="btn btn-secondary" data-dismiss="modal">关闭</button>
</div></div></div></div></div>
```

（2）homeAction.java 代码

```
package com.example.mvc.home.actions;
import com.example.mvc.framework.annotations.Controller;
import com.example.mvc.framework.annotations.RequestMapping;
@Controller
public class HomeAction {
@RequestMapping("/index")
  public String home(){
return "index";
  }
}
```

9.3.2 用户注册

1. 注册界面

单击"注册"按钮，打开用户注册信息界面，如图 9-2 所示。

图 9-2 用户注册信息界面

2. 设计要求

（1）编码实现用户注册信息功能，单击右侧"注册"按钮，进入用户注册的个人中心界面。
（2）设计用户名、真实姓名、密码、确认密码、注册按钮、关闭按钮等项。

3. 实现思路

（1）用户单击首页"注册"按钮，触发 BootStrap 模态框，弹出注册表单。

（2）用户填写注册信息，单击"注册"按钮。

（3）服务器接收用户提交的信息，并将信息写入数据库。

（4）信息写入成功后，将成功信息以 JSON 方式发送给浏览器。

4. 相关类和方法

（1）类名：com.example.mvc.user.actions. UserAction，方法说明如表 9-3 所示。

表 9-3 方法说明

返回值	方法名	功能	参数说明
ResBody	register	用户注册	User user 封装请求用户的信息

（2）类名：com.example.mvc.user.services. UserService，方法说明如表 9-4 所示。

表 9-4 方法说明

返回值	方法名	功能	参数说明
boolean	register	用户注册	User user 封装请求用户的信息

（3）类名：com.example.mvc.user.dao. UserDao，方法说明如表 9-5 所示。

表 9-5 方法说明

返回值	方法名	功能	参数说明
boolean	addUser	添加用户	User user 封装请求用户的信息

5. 参考 Java 程序代码

（1）控制器代码（UserAction.java）

```java
UserService userService=new UserService();
@ResponseBody
@RequestMapping("/register")
public ResBody register(User user){
ResBody body=null;
    System.out.println(user);
    boolean success=userService.register(user);
    if(success){
body=new ResBody(0,"ok");
    }else{
body=new ResBody(-1,"注册失败");
    }
    return body;
}
UserService.java
UserDao dao=new UserDao();
```

```
public boolean register(User user){
return dao.add(user);
}
UserDao.java
public boolean add(User user){
String sql="insert into users(name,realname,password) values(?,?,?)";
    return DBUtitl.update(sql, user.getName(),user.getRealname(),user.getPassword());
}
```

（2）用户类（User.java）代码

```
package com.example.mvc.user.model;
public class User {
private int id;
private String name,realname,password;
public int getId() {
return id;
}
public void setId(int id) {
this.id = id;
}
public String getName() {
return name;
}
public void setName(String name) {
this.name = name;
}
public String getRealname() {
return realname;
}
public void setRealname(String realname) {
this.realname = realname;
}
public String getPassword() {
return password;
}
public void setPassword(String password) {
this.password = password;
}
@Override
public String toString() {
return "User [id=" + id + ", name=" + name + ", realname=" + realname + ", password=" + password + "]";
}
}
```

注意

注册页面为模态框，用户注册成功后，隐藏该模态框。

9.3.3 用户登录

1. 登录界面

单击"登录"按钮，打开用户登录界面，如图9-3所示。

图9-3 用户登录界面

2. 设计要求

（1）编码实现用户注册信息功能，单击右侧"登录"按钮，进入用户登录的个人中心界面。

（2）设计用户名、密码、登录按钮、关闭按钮等项。

（3）判断用户名、密码是否正确。

3. 实现思路

（1）用户单击首页"登录"按钮，触发 BootStrap 模态框，弹出登录表单。

（2）用户填写用户名、密码，并单击"登录"按钮。

（3）服务器接收用户提交的信息，检查用户是否存在。如果存在，将信息写入 session，然后重定向回首页。

4. 相关类和方法

（1）类名：com.example.mvc.user.actions.UserAction，方法说明如表9-6所示。

表9-6 方法说明

返回值	方法名	功能	参数说明
String	login	登录	HttpSession session,String name, String password

（2）类名：com.example.mvc.user.services.UserService，方法说明如表 9-7 所示。

表 9-7　　　　　　　　　　　　　　　方法说明

返回值	方法名	功能	参数说明
User	findUser	根据用户名密码查找用户信息	String name, String password

（3）类名：com.example.mvc.user.dao.UserDao，方法说明也如表 9-7 所示。

5. 参考代码

UserAction.java 代码如下。

```
@RequestMapping("/login")
Public String login(HttpSession session,String name,String password){
System.out.println(name+":"+password);
    User user=userService.findUser(name,password);
    System.out.println(user);
    //完成登录操作
    if(user!=null){
        session.setAttribute("user",user);
    }
    return "redirect:"+session.getServletContext().getContextPath();
}
UserService.java
Public User findUser(String name, String password) {
return dao.findUser(name,password);
}
UserDao.java
Public User findUser(String name, String password) {
    User user=null;
  try{
    String sql="select * from users where name=? and password=?";
    user=DBUtitl.queryForObject(sql, new String[ ]{name,password}, new UserRowMapper());
  }catch(Exception e){
    e.printStackTrace();
  }
    return user;
}
```

9.3.4　修改用户信息

1. 修改用户信息

在主界面，选择"修改个人信息"菜单，打开修改用户信息界面，如图 9-4 所示。

图 9-4 修改用户信息界面

2. 设计要求

（1）编码实现修改个人信息功能，单击右侧"修改个人信息"按钮，进入用户的个人中心界面。

（2）设计真实姓名、密码、确认密码、修改按钮、关闭按钮等项。

（3）判断用户名和密码是否正确。

3. 实现思路

（1）用户登录后，单击首页"修改个人信息"按钮，触发 BootStrap 模态框，弹出修改个人信息表单。

（2）用户填写用户名、密码、确认密码，并单击"修改"按钮。

（3）服务器接收用户提交的信息，修改个人信息后将修改成功与否信息返回浏览器端。

（4）浏览器端进行检查，如果修改成功，则隐藏模态框。

4. 相关类和方法

（1）类名：com.example.mvc.user.actions.UserAction，方法说明如表 9-8 所示。

表 9-8　　　　　　　　　　方法说明

返回值	方法名	功能	参数说明
String	personalmodify	修改个人信息	HttpSession session,User user

（2）类名：com.example.mvc.user.services.UserService，方法说明如表 9-9 所示。

表 9-9　　　　　　　　　　方法说明

返回值	方法名	功能	参数说明
Boolean	modifiyPersonal	修改个人信息	User user

5. 参考代码

（1）UserAction.java 代码

```
@ResponseBody
@RequestMapping("/modifypersonal")
public ResBody personalmodify(HttpSession session,User user){
ResBody body=null;
System.out.println(user);
    boolean success=userService.modifiyPersonal(user);
    if(success){
        body=new ResBody(0,"ok");
        session.setAttribute("user", user);
    }else{
        body=new ResBody(-1,"注册失败");
    }
    return body;
}
```

（2）UserService.java 代码

```
public boolean modifiyPersonal(User user) {
return dao.updateUser(user);
}
UserDao.java
public boolean updateUser(User user) {
String sql="update users set realname=?,password=? where id=?";
  return DBUtitl.update(sql, user.getRealname(),user.getPassword(),user.getId());
}
```

9.3.5 退出系统

1. 系统退出

在主界面，选择"退出"即可退出个人任务管理系统，如图 9-5 所示。

图 9-5　退出个人任务管理系统界面

2. 设计要求

编码实现"退出"系统功能，单击右侧"退出"按钮，返回到首页界面。

3. 实现思路

（1）用户登录后，单击首页中"退出"按钮，向服务器发送退出系统请求。
（2）服务器接收到用户的退出请求后，清除会话信息，然后向浏览器发送退出成功的信息。
（3）浏览器收到退出成功信息后，重新加载首页。

4. 相关类和方法

类名：com.example.mvc.user.actions. UserAction，方法说明如表 9-10 所示。

表 9-10　　　　　　　　　　　　　　　　方法说明

返回值	方法名	功能	参数说明
ResBody	logout	退出系统	HttpSession

5. 参考代码

UserAction.java 代码如下。

```
@RequestMapping("/logout")
@ResponseBody
public ResBody logout(HttpSession session){
session.invalidate();
   return new ResBody(0,"ok");
}
```

9.3.6　创建新任务

1. 新建任务

单击"新建任务"按钮，打开新建任务信息界面，如图 9-6 所示。

图 9-6　新建任务信息界面

2. 设计要求

（1）编码实现创建新任务功能，单击导航栏"新建任务"按钮，进入新建任务界面。

（2）页面显示任务名称、任务描述、任务级别、截止日期、"新建"和"关闭"按钮。

3. 实现思路

（1）用户登录系统后单击首页中"新建任务"按钮，触发新建任务模态框。

（2）用户填写新建任务信息，然后单击"新建"按钮，将数据发送给服务器。

（3）服务器收到新建任务信息后，获取当前用户的信息，然后将新建任务写入数据库，最后以JSON 方式告知浏览器新建任务是否成功。

4. 相关类和方法

（1）类名：com.example.mvc.task.actions.TaskAction，方法说明如表 9-11 所示。

表 9-11　　　　　　　　　　　　　方法说明

返回值	方法名	功能	参数说明
ResBody	createTask	创建新任务	HttpSession session,Task task

（2）类名：com.example.mvc.task.services.TaskService，方法说明如表 9-12 所示。

表 9-12　　　　　　　　　　　　　方法说明

返回值	方法名	功能	参数说明
Boolean	createTask	创建新任务	Task task

（3）类名：com.example.mvc.task.dao.TaskDao，方法说明也如表 9-12 所示。

5. 参考代码

（1）Task.java 代码

```
package com.example.mvc.task.model;
import java.sql.Timestamp;;
public class Task {
private int id,userId,level,status;
private String name,description;
private double cost;
private Timestamp due,start,end;
public int getId() {
return id;
}
public void setId(int id) {
    this.id = id;
}
public int getUserId() {
    return userId;
```

```java
    }
    public void setUserId(int userId) {
        this.userId = userId;
    }
    public int getLevel() {
        return level;
    }
    public void setLevel(int level) {
        this.level = level;
    }
    public int getStatus() {
        return status;
    }
    public void setStatus(int status) {
        this.status = status;
    }
    public String getName() {
        return name;
    }
    public void setName(String name) {
        this.name = name;
    }
    public String getDescription() {
        return description;
    }
    public void setDescription(String description) {
        this.description = description;
    }
    public double getCost() {
        return cost;
    }
    public void setCost(double cost) {
        this.cost = cost;
    }
    public Timestamp getDue() {
        return due;
    }
    public void setDue(Timestamp due) {
        this.due = due;
    }
    public Timestamp getStart() {
        return start;
    }
    public void setStart(Timestamp start) {
        this.start = start;
    }
    public Timestamp getEnd() {
        return end;
```

```
}
public void setEnd(Timestamp end) {
    this.end = end;
}
@Override
public String toString() {
    return "Task [id="+id+", userId="+userId+", level="+level+", status="+status+", name="+name+",
description="+description+", cost="+cost+", due="+due+", start="+start+", end="+end+"]";
    }
}
```

（2）TaskAction.java 代码

```
private TaskService taskService=new TaskService();
@ResponseBody
@RequestMapping("/task/new")
public ResBody createTask(HttpSession session,Task task){
User user=(User)session.getAttribute("user");
    task.setUserId(user.getId());
    System.out.println(task);
    boolean success= taskService.createTask(task);
    if(success){
return new ResBody(0,"success");
    }else{
        return new ResBody(-1,"任务创建失败");
    }
}
```

（3）TaskService.java 代码

```
private TaskDao dao=new TaskDao();
public boolean createTask(Task task) {
return dao.createTask(task);
}
```

（4）TaskDao.java 代码

```
public boolean createTask(Task task) {
    String sql="insert into task(userid,name,description,level,due,status) values(?,?,?,?,?,?)";
    return DBUtitl.update(sql, task.getUserId(),task.getName(),task.getDescription(),task.getLevel(),
task.getDue(),1);
    }
```

9.3.7 待完成任务列表

1. 待完成任务窗口

单击"搜索"按钮，将显示待完成任务信息界面，如图 9-7 所示。

图9-7　待完成任务信息界面

2. 设计要求

（1）该页面显示待完成任务列表，在实际页面中超时任务以黄色显示，未超时任务以绿色显示。

（2）单击"开始"按钮执行任务，当待完成任务数目超过 5 个时，每页显示 5 个任务并分页显示。

3. 实现思路

（1）用户登录系统后单击首页中"当前任务"按钮。

（2）服务器收到请求后查找所有未完成的任务数目，获取当前页面数，然后查找相应未完成任务，并以 HTML 的方式呈现在浏览器上。

4. 相关类和方法

（1）类名：com.example.mvc.task.actions.TaskAction，方法说明如表 9-13 所示。

表 9-13　　　　　　　　　　　　方法说明

返回值	方法名	功能	参数说明
ModelAndView	currentTask	获取当前用户未完成任务的第 n 页数据	HttpSession session,int pageNo

（2）类名：com.example.mvc.task.services.TaskService，方法说明如表 9-14 所示。

表 9-14　　　　　　　　　　　　方法说明

返回值	方法名	功能	参数说明
Int	getCurrentTaskCount	获取指定用户未完成任务数	int userId
Boolean	getDisplayCurrentTask	获取指定用户第 pageNo 页的 pageCount 条任务	int pageNo, int pageCount, int userId

类名：com.example.mvc.task.dao.TaskDao，方法说明也如表 9-14 所示。

5. 参考代码

（1）TaskAction.java 代码

```
@ResponseBody
@RequestMapping("/task/start")
public ResBody startTask(String id){
boolean success= taskService.beginTask(id);
    if(success){
return new ResBody(0,"success");
    }else{
        return new ResBody(-1,"任务创建失败");
    }
}
```

（2）TaskService.java 代码

```
public boolean beginTask(String taskId) {
return dao.beginTask(taskId);
}
```

（3）TaskDao.java 代码

```
public boolean beginTask(String taskId){
String sql="update task set status=2,start=? where id=?";
    return DBUtitl.update(sql, new Date(),taskId);
}
```

9.3.8 开始任务

1. 开始任务窗口

单击列表中的"开始"按钮，打开"输入耗费时间"信息界面，如图 9-8 所示。

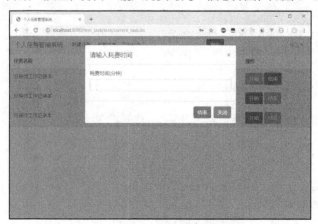

图 9-8 "输入耗费时间"信息界面

2. 设计要求

（1）每条记录代表一个任务，为每条记录设置"开始"按钮，单击时出现"请输入耗费时间"窗口，输入耗费时间并关闭窗口，该任务开始记录耗费时间。

（2）为每条记录设置"结束"按钮，当单击"结束"按钮时，记录该任务耗费的时间。

3. 实现思路

（1）用户单击"结束"按钮，浏览器将会弹出 Boostrap 模态框。

（2）服务器获取要开始的任务 id，以及耗费、更新任务状态和任务结束时间，然后以 JSON 方式通知浏览器。

（3）浏览器收到成功信息后刷新页面。

4. 相关类和方法

（1）类名：com.example.mvc.task.actions.TaskAction，方法说明如表 9-15 所示。

表 9-15　　　　　　　　　　　　　　　　方法说明

返回值	方法名	功能	参数说明
ResBody	endTask	开始执行任务	String id,Double cost

（2）类名：com.example.mvc.task.services.TaskService，方法说明如表 9-16 所示。

表 9-16　　　　　　　　　　　　　　　　方法说明

返回值	方法名	功能	参数说明
Boolean	endTask	将指定任务的状态更新为结束	String id,Double cost

（3）类名：com.example.mvc.task.dao.TaskDao，方法说明也如表 9-16 所示。

5. 参考代码

（1）TaskAction.java 代码

```
@ResponseBody
@RequestMapping("/task/end")
public ResBody endTask(String id,Double cost){
boolean success= taskService.endTask(id,cost);
    if(success){
return new ResBody(0,"success");
    }else{
        return new ResBody(-1,"任务创建失败");
    }
}
TaskService.java
public boolean endTask(String taskId, Double cost) {
return dao.endTask(taskId,cost);
}
```

（2）TaskDao.java 代码

```
public boolean endTask(String taskId, Double cost) {
String sql="update task set status=3,cost=?,end=? where id=?";
   return DBUtitl.update(sql, cost,new Date(),taskId);
}
```

9.3.9 历史任务列表

1. 历史任务列表窗口

单击"搜索"按钮，打开历史任务列表信息界面，如图 9-9 所示。

图 9-9 历史任务列表信息界面

2. 设计要求

（1）该页面显示待完成任务列表，在实际页面中超时任务以黄色显示，未超时任务以绿色显示。

（2）单击"开始"按钮，开始执行任务，当待完成任务数目超过 5 时，每页显示 5 个任务分页。

3. 实现思路

（1）用户登录系统后单击首页的"历史任务"。

（2）服务器收到请求后查找所有历史任务数目，获取当前页面数，然后查找相应未完成任务，并以 HTML 的方式呈现给浏览器端。

4. 相关类和方法

（1）类名：com.example.mvc.task.actions.TaskAction，方法说明如表 9-17 所示。

表9-17 方法说明

返回值	方法名	功能	参数说明
ModelAndView	historyTask	获取当前用户未完成任务的第 n 页数据	HttpSession session,int pageNo

（2）类名：com.example.mvc.task.services.TaskService，方法说明如表9-18所示。

表9-18 方法说明

返回值	方法名	功能	参数说明
Int	getHistoryTaskCount	获取指定用户未完成任务数	int userId
Boolean	getDisplayHistoryTask	获取指定用户第 pageNo 页的 pageCount 条任务	int pageNo, int pageCount, int userId

（3）类名：com.example.mvc.task.dao.TaskDao，方法说明也如表9-18所示。

5. 参考代码

（1）TaskAction.java 代码

```
@RequestMapping("/task/history_task")
public ModelAndView historyTask(HttpSession session,int pageNo){
User user=(User)session.getAttribute("user");
    int pageCount=5;
    long pages=0;
    long tasks_count=taskService.getHistoryTaskCount(user.getId());
    if(tasks_count%pageCount==0){
pages=tasks_count/pageCount;
    }else{
pages=tasks_count/pageCount+1;
    }
    List<Task>
tasks=taskService.getDisplayHistoryTask(pageNo,pageCount,user.getId());
    ModelAndView mv=new ModelAndView("task/history_task");
    mv.addObject("functions", "history_task");
    mv.addObject("pages", pages);
    mv.addObject("tasks", tasks);
    return mv;
}
```

（2）TaskService.java 代码

```
public Long getHistoryTaskCount(int userId) {
return   dao.getHistoryTaskCount(userId);
}
public List<Task> getDisplayHistoryTask(int pageNo, int pageCount, int userId) {
return   dao.getDisplayHistoryTask(pageNo,pageCount,userId);
}
```

（3）TaskDao.java 代码

```
public Long getHistoryTaskCount(int userId) {
    String sql="select count(*) as total from task   where status=3 and userid=?";
    Map map;
    Long total=0L;
    try {
  map = DBUtitl.queryForMap(sql, userId);
        total=(Long)map.get("total");
    } catch (Exception e) {
        e.printStackTrace();
    }
  return total;
}
public List<Task> getDisplayHistoryTask(int pageNo, int pageCount, int userId) {
    System.out.println(pageNo);
    String sql="select * from task where status=3 and userid=? order by id desc limit ?,? ";
  return DBUtitl.query(sql, new TaskRowMapper(), userId,pageNo*pageCount,pageCount);
}
```

9.4 项目部署

1. 搭建运行环境

在运行环境下，添加 tomcat 服务器，如图 9-10 所示。

图 9-10　添加 tomcat 服务器界面

2. 运行 tomcat 服务器

运行 tomcat 服务器，如图 9-11 所示。

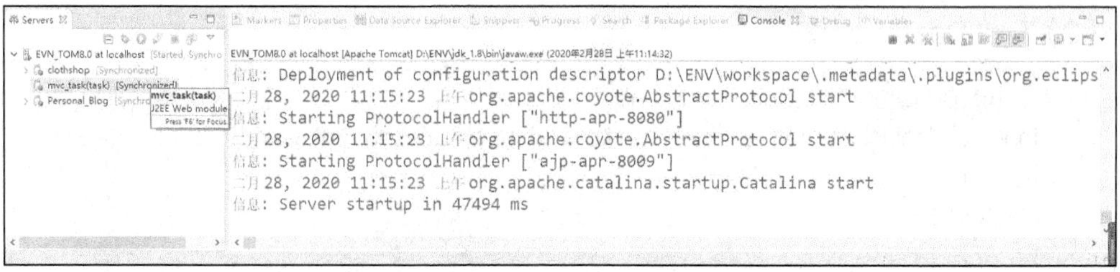

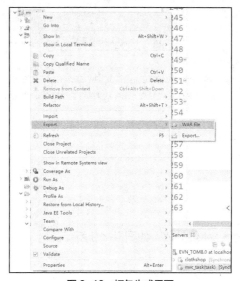

图 9-11　tomcat 服务器运行界面

3. 项目打包

将项目打包成 war 包，放入 tomcat 的 webapp 下，如图 9-12 所示。

图 9-12　打包生成界面

4. 启动 tomcat 服务器

启动 tomcat 服务器，如图 9-13 所示。

图 9-13　启动 tomcat 服务器界面